Hoffmann/Franck/Schwarz/Soyez/Wünschmann
Marketing-Forschung

# Marketing-Forschung

## Grundlagen der Datenerhebung und Datenauswertung

von

Prof. Dr. Stefan Hoffmann

Dr. Anja Franck

Dr. Uta Schwarz

Prof. Dr. Katja Soyez

Dr. Stefan Wünschmann

Verlag Franz Vahlen München

**Prof. Dr. Stefan Hoffmann** ist Professor für Marketing an der Christian-Albrechts-Universität zu Kiel.

**Dr. Anja Franck** ist geschäftsführende Gesellschafterin der Lotsenboot Gesellschaft für Marktforschung mbH.

**Dr. Uta Schwarz** ist Leiterin für Qualitätsmanagement und Kommunikation der Fakultät Wirtschaftswissenschaften an der TU Dresden.

**Prof. Dr. Katja Soyez** lehrt an der Berufsakademie Sachsen und leitet den Studiengang BWL-Dienstleistungsmanagement in Riesa.

**Dr. Stefan Wünschmann** lehrte Marketing und Marktforschung und leitet aktuell die Customer Intelligence der Volkswagen AG.

ISBN 978-3-8006-5646-2


Wilhelmstr. 9, 80801 München
Satz: Fotosatz Buck
Zweikirchener Str. 7, 84036 Kumhausen
Druck und Bindung: Nomos Verlagsgesellschaft mbH & Co. KG
In den Lissen 12, 76547 Sinzheim
Umschlaggestaltung: Ralph Zimmermann – Bureau Parapluie
Bildnachweis: © mmaxer – depositphotos.com

Gedruckt auf säurefreiem, alterungsbeständigem Papier
(hergestellt aus chlorfrei gebleichtem Zellstoff)

# Vorwort

Während unserer gemeinsamen Zeit als wissenschaftliche Mitarbeiter des Lehrstuhls für Marketing der Technischen Universität Dresden hielten wir wiederholt eine Vorlesungsreihe zur „Marketing-Forschung“ für Studierende des Hauptstudiums bzw. später des Masterstudiums. Um die Lernenden zu unterstützen, wollten wir das Wissen, welches aus unserer Sicht in diesem Fachgebiet besonders relevant ist, in Form eines Leitfadens zusammenfassen. Aus diesem Grund riefen wir ein studentisches Projekt ins Leben, um Daten zu erheben, die es uns ermöglichen, alle Analyseverfahren an einem Beispiel zu dokumentieren. Lange Zeit haben Studierende in Dresden und später auch in Kiel und Riesa mit diesem Leitfaden gearbeitet. Wir freuen uns, dass mit diesem Buch nun eine grundlegend überarbeitete Version erscheint.

Wir verstehen unser Buch als eine anwendungsbezogene Einführung, mit deren Hilfe sich eine empirische Studie eigenständig planen und umsetzen lässt. Kapitel 1 befasst sich daher mit dem Prozess der Marketing-Forschung und stellt alle Prozessschritte und die jeweils relevanten Fragestellungen vor. Die folgenden Kapitel des Buches führen die Leser an die grundlegenden Analyseverfahren der empirischen Forschung heran. Für jedes Analyseverfahren beschreibt es Zielsetzungen, Voraussetzungen sowie Analyseschritte.

Alle Themen erläutern wir allgemein verständlich anhand eines durchgängigen Fallbeispiels. Übungsaufgaben am Ende jedes Kapitels dienen dazu, Gelerntes zu wiederholen. Zum einen finden die Leser hier Kontrollaufgaben, die ähnlich wie in einer Klausur den Wissenserwerb überprüfen. Zum anderen haben wir sog. Vernetzungsaufgaben formuliert. Die Leser können hier Gelerntes anwenden, indem sie mit unserem Beispieldatensatz die einzelnen Aufgaben lösen.

Beispieldatensatz und Lösungen zu den Übungsaufgaben sind auf der Produktseite des Buches unter www.vahlen.de und hier zu finden:

Wir danken allen Studierenden, die an dem Projekt mitwirkten und für dieses Buch die Datengrundlage schufen sowie uns bei

Literaturrecherche und Inhalt der Kapitel zu den Analyseverfahren unterstützten. Unser Dank gilt auch Prof. Dr. Thomas Niemand, der uns an seiner statistischen Kompetenz hat teilhaben lassen. Zudem danken wir den Mitarbeitern der Professur für Marketing der Christian-Albrechts-Universität zu Kiel: Nils Hoffmann, Tom Joerß und Dr. Wassili Lasarov. Sie haben kritisch gelesen und uns hilfreiche Verbesserungsvorschläge unterbreitet.

Claudia Hofmann danken wir dafür, dass sie als Vertreterin der studentischen Zielgruppe das Manuskript auf seine Eignung prüfte und uns tatkräftig bei Literaturrecherche und Literaturverzeichnis unterstützte. Darüber hinaus gebührt unser Dank Almut Hahn-Mieth und Gerhard Liebermann. Sie haben akribisch Rechtschreibung und Grammatik korrigiert. Sollte sich der Fehlerteufel dennoch eingeschlichen haben, ist dies ausschließlich uns Autoren anzulasten. Nicht zuletzt danken wir Prof. Dr. Stefan Müller, der uns während seiner Zeit als Lehrstuhlinhaber in Dresden nicht nur den Freiraum gelassen hat, das studentische Projekt durchzuführen und den Leitfaden zu schreiben, sondern später auch dieses Buchprojekt angeregt hat. Und so danken wir abschließend Herrn Hermann Schenk, der als Vertreter des Verlages mit Gelassenheit, Geduld und Hilfsangeboten zum Gelingen beitrug.

Und nun wünschen wir allen Lesern Freude beim Studium dieses Buches und gutes Gelingen für marktforscherische Projekte. Über Hinweise und Anregungen würden wir uns sehr freuen und danken bereits jetzt dafür.

Dresden, im Juli 2018

*Stefan Hoffmann*
*Anja Franck*
*Uta Schwarz*
*Katja Soyez*
*Stefan Wünschmann*

Hinweis zur Sprache: Wir nutzen der einfachen Lesbarkeit halber meist nur das generische Maskulinum. Selbstverständlich gelten alle Ausführungen gleichermaßen für Konsumentinnen und Konsumenten, Probandinnen und Probanden, Marketingforscherinnen und Marketingforscher.

# Inhaltsverzeichnis

# 1 Ablauf einer Studie

## 1.1 Ziele der Marketing-Forschung

**Fallbeispiel Limonatik**

Die Firma Limonatik hat eine lange Tradition bei der Produktion und dem Verkauf von Limonaden und bisher die klassischen Sorten Orange und Zitrone im Angebot. Dem Unternehmen geht es wirtschaftlich gut. Der Geschäftsführer, Michael Füller, ist ein Visionär und möchte auf lange Sicht eine positive Entwicklung von Limonatik sichern. Inspiriert von seiner letzten Dienstreise nach Asien kommt er auf die Idee, ein neues Produkt auf den Markt zu bringen – ein Mixgetränk aus der klassischen Limonade und gerösteten Kokosstückchen sowie Kokosnusssaft. Er ist so begeistert von der Idee, dass er seine Marketingleiterin Marta Formula zu sich bestellt und sie beauftragt, die Produktneuentwicklung in Angriff zu nehmen. Als erfahrene Marketing-Expertin mit fundierten Kenntnissen in der Marketing-Forschung erkennt Marta Formula sofort, dass dies nicht so einfach umzusetzen sein wird, wie sich ihr Vorgesetzter das vorstellt.

**Marketing-Forschung** ist für den Erfolg eines Unternehmens unabdingbar. Ohne sie würde nahezu jede noch so kreative Geschäftsidee im Sande verlaufen. Wie sollte ein Unternehmen ein Produkt auf dem Markt platzieren können, wenn es nicht weiß, wer die potenziellen Kunden sind (Analyse der Zielgruppen), was sich diese wünschen (Analyse der Kundenbedürfnisse) und ob andere Unternehmen diese Erwartungen bereits erfüllen (Konkurrenzanalyse)? Aufgabe der Marketing-Forschung ist es deshalb, systematisch Informationen zu gewinnen, auszuwerten, zusammenzufassen, zu dokumentieren sowie dem Management als Grundlage für Entscheidungsprozesse zur Verfügung zu stellen.

Wie das Marketing im Allgemeinen, beschäftigt sich die Marketing-Forschung im Besonderen nicht nur mit Kunden und Handel (Absatzorientierung), sondern auch mit Mitarbeitern, Wettbewerbern, Lieferanten und anderen Akteuren im Umfeld des Unternehmens

(Mitarbeiter- und Umweltorientierung). Zum Erkenntnisobjekt der Marketing-Forschung zählen demzufolge bspw. ebenso die Zufriedenheit des Personals, die Anzahl und das Angebot von Konkurrenten, die Service-Qualität der Zulieferer, das Image des Unternehmens als Arbeitgeber sowie allgemeine Marktbedingungen wie Wertewandel, Modetrends und Veränderungen im Verbrauchervertrauen.

Der Begriff der Marketing-Forschung kann leicht mit dem Begriff Marktforschung gleichgesetzt oder verwechselt werden. Beide Bezeichnungen lassen sich jedoch anhand ihres Erkenntnisobjektes voneinander abgrenzen (Fantapié Altobelli 2017, S. 16). Demnach besteht das Ziel der Marktforschung ausschließlich darin, Informationen über alle Märkte des Unternehmens zu gewinnen. Marketing-Forschung gibt hingegen zusätzlich Aufschluss über interne Entwicklungen (z. B. Mitarbeiterzufriedenheit, Verbesserung der Prozesse im Rahmen des Beschwerdemanagements) und das Unternehmensumfeld (z. B. rechtliche und technologische Entwicklung, Wertewandel, Lebensstil und demografische Strukturen sowie übergeordnet Ökologie, Klima, Politik, Kultur). Marktforschung ist damit enger gefasst und der Marketing-Forschung untergeordnet. Dieses Buch betrachtet das erweiterte Erkenntnisobjekt und verwendet folglich den Begriff Marketing-Forschung.

Unabhängig von der Fragestellung besteht eine Marketing-Forschungs-Studie idealtypisch aus fünf Phasen, die sich auch in der Gliederung von Kapitel 1 des Buches widerspiegeln (vgl. Abb. 1). Wir gehen zunächst auf die Definition der Fragestellung ein. Da-

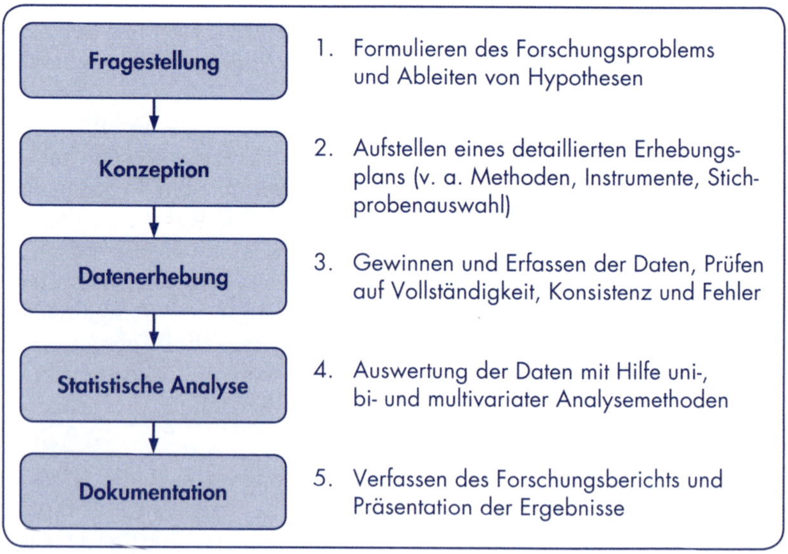


**Abb. 1:** Prozess der Marketing-Forschung

rauf aufbauend behandeln wir, wie man eine Untersuchung plant (Konzeption) und wie man Daten gewinnt (Datenerhebung). Da wir uns in diesem Buch vor allem mit sog. quantitativen Methoden beschäftigen, ist ein Überblick zu uni-, bi- und multivariaten Verfahren Bestandteil der Ausführungen zur statistischen Analyse. Das letzte Kapitel widmet sich schließlich der Dokumentation der Untersuchungsergebnisse in Forschung und Praxis.

## 1.2 Formulierung der Fragestellung

**Fallbeispiel Limonatik**
Die Marketingleiterin, Marta Formula, überlegt, welche Fragen beantwortet werden müssen, um die Idee ihres Geschäftsführers umzusetzen: Welche Mixturen sind Erfolg versprechend? Welche Erwartungen haben Konsumenten an ein Limonaden-Mixgetränk? Stoßen Mixgetränke auf Akzeptanz bei der bestehenden Zielgruppe von Limonatik? Oder sollte Limonatik eine neue Zielgruppe erschließen? Marta Formula erkennt, dass das Forschungsproblem komplex ist und viel mehr Informationen nötig sind, als ihr im Moment vorliegen. Sie überzeugt deshalb ihren Chef davon, dass es notwendig ist, eine Marktforschungsstudie durchzuführen. In einem ersten Schritt muss Marta Formula nun herausarbeiten, worin das Problem liegt, welches in der Studie geklärt werden soll.

**Bei der Definition des Forschungsproblems sind diese Fragen zu klären:**

- *Welche konkreten Fragestellungen möchte ich klären?*
- *Welche Hypothesen möchte ich überprüfen?*

### 1.2.1 Studienart

Bevor eine empirische Untersuchung durchgeführt werden kann, ist zunächst zu klären, welche spezielle Fragestellung die Studie beantworten soll. Grundsätzlich kann zwischen explorativen, deskriptiven und kausalen Untersuchungen unterschieden werden (Kuß et al. 2014, S. 31 ff.; vgl. Tab. 1). **Explorative Studien** dienen dazu, einen Sachverhalt zu erfassen und besser zu verstehen. Sie werden häufig als Voruntersuchungen zur Vorbereitung einer Hauptstudie eingesetzt. Bei **deskriptiven Untersuchungen** sind die für einen bestimmten Untersuchungsgegenstand relevanten Variablen bekannt. Diese Art von Untersuchungen dienen dazu, einen Sachverhalt näher zu beschreiben, indem sie einzelnen Variablen Werte zuweisen. Für die Analyse von Ursache-Wirkungs-Zusammenhängen und das Überprüfen von Hypothesen kommen schließlich **kausale Untersuchungen** zum Einsatz.

| Studienart | Beispiel |
|---|---|
| **Explorative Untersuchung** | Aus Gesprächen mit einzelnen Kunden geht hervor, dass sie gerne neue Geschmacksrichtungen probieren. Kokosgeschmack wird als exotisch, erfrischend und neuartig für eine Limonade wahrgenommen. |
| **Deskriptive Untersuchung** | 82 % der befragten Konsumenten würden gerne die Limonade mit Orange-Kokos-Geschmack probieren, während 67 % die Variante Zitrone-Kokos und nur 16 % Apfel-Kokos testen würden. |
| **Kausale Untersuchung** | Je positiver die Einstellung eines Konsumenten gegenüber Mixgetränken im Allgemeinen, desto höher ist die Bereitschaft, ein neues Limonaden-Mixgetränk zu kaufen. |

**Tab. 1:** Beispiele für die Ergebnisse von explorativen, deskriptiven und kausalen Untersuchungen

### 1.2.2 Aufstellen von Hypothesen und Forschungsfragen

Insbesondere bei kausalen Studien sollten aus den allgemeinen Fragestellungen vor der Durchführung der Studie auf Basis von theoretischem Vorwissen und evtl. auch auf Basis früherer Befunde und Plausibilitätsüberlegungen Hypothesen abgeleitet werden. Eine **Hypothese** ist eine Aussage, die einen Zusammenhang zwischen mindestens zwei Variablen unterstellt. Eine Hypothese postuliert dabei die Art des Zusammenhangs bzw. des Effekts (z. B. „Zwischen der Größe der Kokosstückchen in der Limonade und dem Störgefühl beim Trinken besteht ein Zusammenhang.") und ggf. auch dessen Richtung („Je größer die Stückchen, desto größer das Störgefühl beim Trinken.") und Stärke („Eine Verdopplung der Stückchengröße verdoppelt das subjektive Störgefühl."; Döring/Bortz 2016, S. 145 ff.). Es lassen sich Zusammenhangs-, Wirkungs- und Unterschiedshypothesen unterscheiden. Wie Tab. 2 zeigt, werden zur Prüfung verschiedener Hypothesenarten auch unterschiedliche statistische Methoden eingesetzt (vgl. Kap. 1.5.4).

| | Formale Beschreibung | Beispiel | Analyse-verfahren |
|---|---|---|---|
| **Zusammenhangshypothese** | Zwischen (mindestens) zwei Variablen X und Y besteht ein Zusammenhang. | Zwischen der Länge eines TV-Spots für das neue Mixgetränk und der Sympathie für das beworbene Produkt besteht ein positiver Zusammenhang. | z. B. Korrelationsanalyse |
| **Wirkungshypothese** | Eine (oder mehrere) unabhängige Variablen X nehmen Einfluss auf eine abhängige Variable Y. | Je emotionaler die Werbebotschaft im TV-Spot für die neue Orange-Kokos-Limo ist, desto sympathischer finden die Konsumenten das Produkt. | z. B. Regressionsanalyse |
| **Unterschiedshypothese** | Zwei (oder mehr) Maßnahmen $X_1$ und $X_2$ unterscheiden sich in ihrer Wirkung auf eine abhängige Variable Y. | Ein emotionaler TV-Spot steigert die Sympathie für die Orange-Kokos-Limonade mehr als ein informativer TV-Spot. | z. B. t-Test, ANOVA |

**Tab. 2:** Arten von Hypothesen

Qualitative Studien (vgl. Kap. 1.3.1) sind oft explorativ, d. h. es können im Vorfeld noch keine konkreten Hypothesen aufgestellt werden. Vielmehr werden diese Studien häufig eingesetzt, um Hypothesen zu generieren. Auch bei Praxisuntersuchungen ist häufig nicht genug theoretisches Vorwissen vorhanden, um Hypothesen aufstellen zu können. Die Alternative sind dann **Forschungsfragen**, die häufig als W-Fragen formuliert sind („Welche Geschmacksrichtungen mögen die Kunden von Limonatik besonders gerne?“; „Welche Art von Werbebotschaft ist bei der jüngeren Zielgruppe besonders Erfolg versprechend?“). Im Gegensatz zu Hypothesen sind Forschungsfragen ohne Vorwegnahme möglicher Ergebnisse formuliert (Döring/Bortz 2016, S. 145 f.).

## 1.3 Konzeption der Erhebung

**Fallbeispiel Limonatik**
Marta Formula hat in der Zwischenzeit geklärt, welche Forschungsfragen in der Mixgetränk-Studie beantwortet werden sollen: Sie möchte herausfinden,

wie die bisherige Zielgruppe von Limonatik generell gegenüber Mixgetränken eingestellt ist. Weiterhin möchte sie die Akzeptanz des neu entwickelten Mixgetränkes bei verschiedenen Zielgruppen testen. Marta Formula weiß, dass zur Beantwortung dieser Fragen eine Datenerhebung notwendig sein wird, bei der viele Schritte zu bedenken sind.

**Bei der Konzeption der Erhebung sind folgende Fragen zu klären:**

- *Soll ich bei der Datenerhebung ergebnisoffen vorgehen oder versuchen, meine Vorannahmen zu quantifizieren?*
- *Kann ich auf bereits bestehende Daten zurückgreifen oder muss ich Daten neu erheben?*
- *Soll ich meine Testpersonen befragen, beobachten oder zu einer experimentellen Studie einladen?*
- *Wie wähle ich meine Probanden für die Studie aus?*

### 1.3.1 Erhebungs-Paradigma

*Qualitative vs. quantitative Studien*

Plant man das Design einer Untersuchung, so stellt sich grundsätzlich die Frage, ob eine qualitative oder eine quantitative Studie durchgeführt werden soll (Döring/Bortz 2016, S. 36 ff.; Lamnek/Krell 2016; Belk et al. 2012; Buber/Holzmüller 2009). Beide Ansätze unterscheiden sich nicht nur in Hinblick auf die eingesetzten Methoden, es bestehen vielmehr auch Differenzen in den Zielsetzungen, der Größe der Stichprobe sowie den Erwartungen an die Repräsentativität und die Güte des Ergebnisses (vgl. Tab. 3). **Qualitative Studien** werden vor allem zu explorativen Zwecken eingesetzt, um anhand kleiner Stichproben neue Phänomene zu entdecken bzw. bestehende Sachverhalte umfassender zu verstehen (z. B. „Welche Merkmale sind Konsumenten an einem Limonaden-Mixgetränk überhaupt wichtig?"; „Welche Gründe gibt es für diese Vorlieben?"). **Quantitative Studien** dienen hingegen dazu, Zusammenhänge zu entdecken und zu quantifizieren sowie statistisch abzusichern (z. B. „Beeinflusst die Innovativität eines Konsumenten die Absicht, ein neues Limonaden-Mixgetränk zu kaufen?"). Quantitative Studien haben daher oft deskriptiven oder kausalen Charakter.

Im Gegensatz zu quantitativen Methoden stellen qualitative Methoden weniger große Ansprüche an die Objektivität, da bei der Interpretation der eher „weichen" Daten eine gewisse Freiheit des Forschers notwendig ist. Die Ergebnisse quantitativer Studien sollten hingehen unabhängig vom Forscher Gültigkeit besitzen (= hohe Objektivität). Qualitative Marketing-Forschung allein genügt häufig nicht, um eine Fragestellung zu beantworten. In vielen Fällen sollten die Erkenntnisse quantitativ und anhand ausreichend großer

Stichproben abgesichert werden. So würde eine Gruppendiskussion mit zehn Teilnehmern zur Einschätzung des Geschmacks des neuen Mixgetränkes zwar sehr tiefgründige Ergebnisse liefern (z. B. „Kokos-Mixgetränke wecken positive Assoziationen zur letzten Fernreise.“); sie ist aber nicht in der Lage, Aussagen repräsentativ zu belegen. Leitet Limonatik aus diesen qualitativen Ergebnissen Strategien ab, erfüllen diese die Wünsche der zehn (oder einzelner dieser zehn) befragten Personen, jedoch möglicherweise nicht die der Mehrheit der Kunden.

| | **Qualitatives Paradigma** | **Quantitatives Paradigma** |
|---|---|---|
| **Studienart** | V. a. explorative Studien | V. a. deskriptive und kausale Studien |
| **Ziele** | Ursache, Motiv, Idee | Häufigkeit, Zusammenhang |
| **Forschungsprozess** | Flexibel, teilweise offen | Festgelegt, evtl. sogar standardisiert |
| **Stichprobengröße** | Klein | Groß |
| **Repräsentativität** | Geringe Repräsentativität (meist geringe Fallzahl) | Hohe Repräsentativität bei geeigneter Stichprobenziehung möglich |
| **Methoden** | U. a. Tiefeninterview, Laddering, Projektive Verfahren, Gruppendiskussion, Inhaltsanalyse, Netnografie etc. | Statistische Analysemethoden (uni-, bi- und multivariate Verfahren) |
| **Daten** | „Weiche“ Daten (subjektiv, nicht quantifizierbar) | „Harte“ Daten (objektiv, quantifizierbar) |

*Quelle: Magerhans (2016), S. 71; Weis/Steinmetz (2012), S. 37 ff.; Gelbrich et al. (2008), S. 52.*

**Tab. 3:** Qualitatives vs. quantitatives Paradigma der Marketing-Forschung

*Mixed-Methods-Ansätze*

Da sowohl qualitative als auch quantitative Studien Vorteile haben, werden beide Forschungsstränge häufig in **Mixed-Methods-Ansätzen** kombiniert (Hoffmann/Akbar 2016, S. 21; Creswell 2013; Kuckartz 2013, S. 65; Srnka 2007). Hierbei können verschiedene Designs eingesetzt werden.

- **Vorstudiendesign (exploratory design):** Bei diesem Design wird zunächst mithilfe qualitativer Methoden wie einer Gruppendiskussion oder einer Fokusgruppe versucht, relevante Phänomene zu identifizieren und besser zu verstehen. Darauf aufbauend entwickelt der Forscher Hypothesen, die er in einer quantitativen Studie und anhand einer größeren Stichprobe genauer analysiert und überprüft. Die qualitative Vorstudie liefert in diesem Fall die Struktur für die quantitative Untersuchung („Welche Größen sind für die Fragestellung von Interesse?“). Marta Formula könnte im Rahmen von Fokusgruppen entdeckt haben, dass bei manchen Konsumenten aufgrund der Kokosstückchen in der Limonade ein Störgefühl entsteht. In einem nachfolgenden Experiment könnte sie die Größe der Stückchen systematisch variieren und das Störgefühl der Konsumenten messen, um die Stückchengröße zu optimieren.

- **Paralleldesign (concurrent triangulation):** Um eine Forschungsfrage umfassend zu beantworten, werden qualitative und quantitative Studien parallel durchgeführt. Marta Formula lässt in einer experimentellen Studie Konsumenten verschiedene Markennamen für die neue Limonade vergleichen. Parallel dazu führt sie eine qualitative Studie durch, um Assoziationen der Kunden zu den Markennamen zu erfassen. Die Befunde beider Studien fasst sie anschließend zusammen, um den richtigen Namen auszuwählen.
- **Vertiefungsdesign (explanatory design):** In einem ersten Schritt wird eine quantitative Studie durchgeführt und ausgewertet. Bleiben Fragen offen, können diese mit einer anschließenden qualitativen Studie tiefer betrachtet werden. So könnte Marta Formula in einer quantitativen Studie die Bewertung der Kokoslimonade in verschiedenen Zielgruppen auf standardisierten Skalen messen und feststellen, dass Reiselustige die neue Limonade besser bewerten als Personen, die ihren Urlaub lieber zu Hause verbringen. Anschließend führt Marta Formula qualitative Interviews mit Vertretern der beiden Zielgruppen durch, um die Ursachen der unterschiedlichen Bewertungen zu verstehen.

### 1.3.2 Sekundär- vs. Primärforschung

Die für eine Datenerhebung benötigten Informationen können grundsätzlich auf zwei Wegen gewonnen werden: Durch Primär- und Sekundärerhebungen (Homburg 2017, S. 255 ff.; Meffert et al. 2015, S. 141; Hox/Boeije 2005). Häufig sind in der Marketing-Forschung **Primärerhebungen** notwendig. Sie zeichnen sich dadurch aus, dass der Forscher Datenmaterial neu erhebt. Primärerhebungen haben den Vorteil, dass der Forscher auf der Grundlage theoretischer Vorüberlegungen die zu gewinnenden Daten spezifisch auf das Forschungsproblem zuschneiden kann. Marta Formula könnte also einen Fragebogen entwickeln, der speziell auf die Produkte von Limonatik und auf die Akzeptanz von Limonaden-Mixgetränken abzielt. Bei **Sekundärerhebungen** (auch als Desk Research bezeichnet) greift ein Forscher hingegen auf bereits vorhandene Daten zurück und wertet sie für die eigene Untersuchung noch einmal aus. Beispiel für diese ursprünglich zu anderen Zwecken erhobenen Daten sind Berichte des Statistischen Bundesamtes, Geschäftsberichte oder in Unternehmen vorliegende Kundenstatistiken. Bestimmte Aufgaben, bspw. die Ermittlung der Kaufkraft sowie die Zahl der Konkurrenten bzw. Konkurrenzprodukte, könnte Limonatik mit frei zugänglichem oder käuflichem Datenmaterial (z. B. Internetrecherche, Unternehmensdatenbank) vollständig lösen.

Primär- und Sekundärerhebungen bringen jeweils gewisse Vor- und Nachteile mit sich (Kuß et al. 2014, S. 36 ff.). Für die Sekundärforschung spricht der zumeist geringere Zeit- und Kostenaufwand. Da das Datenmaterial bereits vorliegt, kann recht schnell mit der Datenauswertung begonnen werden. Allerdings sind Aktualität und Qualität der Daten nicht immer einfach zu beurteilen. Der größte Nachteil für die Marktforschungs-Praxis besteht aber darin, dass die Daten zu anderen Zwecken erhoben worden sind und damit nicht spezifisch für die eigene Fragestellung. Primärerhebungen sind zwar häufig zeitintensiver und teurer, der große Vorteil liegt aber darin, dass es möglich ist, gezielt auf spezielle Fragestellungen eingehen zu können.

### 1.3.3 Formen der Informationsgewinnung

Unabhängig davon, ob ein Forscher ein qualitatives oder ein quantitatives Erhebungsparadigma wählt, kommen bei Primärdatenerhebungen prinzipiell drei Formen der Informationsgewinnung zum Einsatz: die Befragung, die Beobachtung und das Experiment.

#### *1.3.3.1 Befragung*

Befragungen sind das in der Marketing-Forschung am häufigsten eingesetzte Instrument der Informationsgewinnung. Bei einer Befragung werden Teilnehmer gebeten, mündlich, schriftlich oder onlinebasiert Auskunft zu bestimmten Themen und Fragestellungen zu geben (Homburg 2017, S. 265 f.; Meffert et al. 2015, S. 150; Berekoven et al. 2009, S. 87 ff.).

Eine Befragung besteht aus mehreren Frageblöcken (Meffert et al. 2015, S. 149). Den Einstieg bilden häufig sog. **Eisbrecherfragen**, die zur Teilnahme an der Befragung motivieren und eine evtl. bestehende Skepsis des Befragten reduzieren sollen. In einem Fragebogen zur Akzeptanz von Limonaden-Mixgetränken könnte Marta Formula als Einstieg z. B. danach fragen, wann der Proband zuletzt ein Mixgetränk genossen hat. Der größte Teil einer Befragung besteht aus

**Sachfragen**, die auf die eigentliche Fragestellung abzielen (z. B. Fragen nach dem Bekanntheitsgrad verschiedener Mixgetränke-Marken, Fragen zur Messung der Einstellung gegenüber Mixgetränken, Fragen zur Präferenz verschiedener Geschmacksrichtungen). Befragungen sind anfällig dafür, dass Probanden nicht wahrheitsgemäß antworten. So könnte es sein, dass Konsumenten nicht gerne zugeben möchten, dass sie regelmäßig Limonade trinken, weil sie als gesundheitsbewusst gelten möchten. Um zu prüfen, ob die Teilnehmer zu sozial erwünschtem Antwortverhalten neigen, können deshalb spezielle **Kontrollskalen** in den Fragebogen aufgenommen werden (Steenkamp et al. 2010). Am Ende einer Befragung stehen in der Regel Fragen zu **sozio-demografischen** (z. B. Alter, Geschlecht) und **sozio-ökonomischen Merkmalen** (z. B. Einkommen, Bildungsgrad) der Probanden.

Die Fragen in einem Fragebogen lassen sich offen oder geschlossen formulieren. Während bei **geschlossenen Fragen** Anzahl und Art der möglichen Antworten bereits vorgegeben sind, kann der Proband auf offene Fragen frei antworten (vgl. Bsp. 1). **Offene Fragen** werden häufig bei qualitativen Untersuchungen eingesetzt, wenn es darum geht, neue Sachverhalte aufzudecken. In quantitativen Befragungen mit großen Stichproben greifen Forscher hingegen zumeist auf geschlossene Fragen zurück. Offene und geschlossene Fragen können in einem Fragebogen zudem kombiniert eingesetzt werden.

**Beispiel 1: Messung der Einstellung gegenüber Mixgetränken**

**Offene Frage:**

Bitte geben Sie an, warum Sie gerne Mixgetränke trinken.

.......................................................................................................

**Geschlossene Frage:**

Bitte geben Sie an, ob Sie den folgenden Aussagen zustimmen oder ob Sie diese eher ablehnen. Sie können Ihr Urteil zwischen „-3 … trifft gar nicht zu" bis „+3 … trifft voll und ganz zu" abstufen.

| | -3 | -2 | -1 | 0 | 1 | 2 | 3 |
|---|---|---|---|---|---|---|---|
| Mixgetränke sind erfrischend. | ☐ | ☐ | ☐ | ☐ | ☐ | ☐ | ☐ |
| Ich mag den süßen Geschmack von Mixgetränken. | ☐ | ☐ | ☐ | ☐ | ☐ | ☐ | ☐ |
| Mixgetränke sind prickelnd. | ☐ | ☐ | ☐ | ☐ | ☐ | ☐ | ☐ |

Offene Fragen haben den Vorteil, dass der Proband nicht in ein vorgegebenes Raster von Antwortvorgaben gezwängt wird. Die Antworten auf offene Fragen können somit auch zu neuen und überraschenden Erkenntnissen führen, die über die Vorüberlegungen des Forschers hinausgehen. Sie signalisieren zudem auch ernstes Interesse des Forschers an den Antworten des Probanden und erhöhen somit die Motivation der Befragten. Der wesentliche Nachteil offener Fragen ist der hohe Zeitaufwand bei der Datenauswertung, da die vorliegenden Antworten zunächst interpretiert und danach kategorisiert werden müssen. Durch dieses Vorgehen ist zudem die Auswertungsobjektivität eingeschränkt. Geschlossene Fragen bieten einem Probanden den Vorteil, dass er durch die vorgegebenen Antworten den Fragebogen vergleichsweise schnell ausfüllen kann. Für den Forscher ist die Datenauswertung ohne hohen Zeitaufwand möglich. Ein Nachteil geschlossener Fragen ist, dass das vorgegebene Spektrum an Antworten unvollständig sein kann und die Antwortvorgaben nicht auf den Befragten zutreffen.

Bei der Konzeption eines Fragebogens ist die **Operationalisierung**, d. h. der Messbarmachung von latenten Konstrukten, von zentraler Bedeutung. Ein **latentes Konstrukt** ist ein Phänomen, das man nicht direkt beobachten kann, von dem man aber annimmt, dass es existiert (u. a. Homburg/Giering 1996). Viele der für die Marketing-Forschung bedeutsamen Zielgrößen wie Einstellungen, Markenimages, Kundenbindung und Kundenzufriedenheit sind latente Konstrukte, für die in einem Fragebogen eine Messvorschrift gefunden werden muss. Auch Marta Formula möchte mit der „Einstellung gegenüber Mixgetränken" ein latentes Konstrukt messen. Zur Operationalisierung werden **Indikatoren** herangezogen, d. h. Aussagen oder Fragen (Items), die der Proband anhand der Antwort auf einer (z. B. siebenstufigen) **Skala** beantwortet. Um ein Konstrukt, wie z. B. die Einstellung zu Mixgetränken, zuverlässig (= Reliabilität, vgl. Tab. 5) und vollumfänglich (= Validität, vgl. Tab. 6) in einem Fragebogen abzubilden, bedarf es mehrerer Indikatoren, weshalb häufig auf **Multi-Item-Skalen** zurückgegriffen wird (DeVellis 2016; Diamantopoulos et al. 2012; Netemeyer et al. 2003). Darunter versteht man Skalen, die sich aus mehreren Items zusammensetzen (vgl. die drei Indikatoren zur Messung der Einstellung in Bsp. 1).

Wie gut eine Operationalisierung gelungen ist, sollte anhand der **Gütekriterien** Objektivität, Reliabilität und Validität geprüft werden (Döring/Bortz 2016, S. 442 ff.; Fisseni 2004). Die Gütekriterien sind dabei keine Frage von „Ja" oder „Nein", sondern von „Mehr" oder „Weniger" (Grad der Intersubjektivität, Zuverlässigkeit und Gültigkeit). Wir stellen hier nur die Gütekriterien der sog. klassischen Testtheorie vor und klammern die probabilistische Testtheorie und formative Konstrukte aus (vgl. bspw. Moosbrugger/Kelava 2012; Diamantopoulos/Winklhofer 2001).

- **Objektivität:** Ein Messvorgang gilt dann als objektiv, wenn die Ergebnisse frei von Einflüssen des Forschers sind. Verschiedene Personen, die unabhängig voneinander den gleichen Sachverhalt messen, müssen demnach identische Resultate erzielen und die Ergebnisse müssen intersubjektiv nachprüfbar sein. Man unterscheidet die drei in Tab. 4 dargestellten Formen der Objektivität.

| | **Eine Messung ist umso objektiver, je weniger …** |
|---|---|
| **Durchführungsobjektivität** | ein Untersuchungsleiter die Probanden beeinflusst (z. B. durch seine bloße Anwesenheit oder durch den häufig impliziten, nonverbalen Ausdruck seiner Werte und Überzeugungen). Ein solcher Interviewer-Bias tritt insb. bei persönlichen Interviews auf. |
| **Auswertungsobjektivität** | Spielraum ein Untersuchungsleiter besitzt, gewonnene Daten auszuwerten (z. B. durch die Wahl des Analyseverfahrens). Dass verschiedene Forscher durchaus zu unterschiedlichen Ergebnissen gelangen können, zeigt eine Studie von Silberzahn/Uhlmann (2015), bei der 29 Forscherteams unabhängig voneinander denselben Datensatz auswerteten. |
| **Interpretationsobjektivität** | Freiraum ein Untersuchungsleiter hat, Ergebnisse zu interpretieren (z. B. durch die mehrdeutige Auslegung eines Befundes). Ein eindrucksvolles Beispiel mangelnder Interpretationsobjektivität erhält man meist am Abend nach einer Bundestagswahl, wenn Politiker konkurrierender Parteien dasselbe Wahlergebnis als klaren Sieg der eigenen Partei deuten. |

**Tab. 4:** Formen der Objektivität

- **Reliabilität:** Dieses Gütekriterium bezeichnet die Zuverlässigkeit eines Messverfahrens, d. h. dessen formale Genauigkeit. Sie liegt vor, wenn Ergebnisse (a) in sich konsistent sind und (b) durch eine Messung derselben Eigenschaften an denselben Probanden mit einem vergleichbaren Messverfahren sowie (c) mit derselben Messung zu verschiedenen Zeitpunkten reproduzierbar sind. In Tab. 5 sind verschiedene Formen der Reliabilität dargestellt (Döring/Bortz 2016, S. 444; Bühner 2010, S. 153 ff.). Besonders häufig wird in der Marketing-Forschung die **interne Konsistenz** bestimmt. Sie wird einmalig in einer Stichprobe gemessen und gibt an, wie stark die einzelnen Items einer Skala zusammenhängen. Das bekannteste Maß zur Messung der internen Konsistenz eines Messinstrumentes ist Cronbachs Alpha (Cronbach 1951). Es wird auch als Maß für „Eindimensionalität" bezeichnet (vgl. auch Kap. 3.4.2).

| | Beschreibung |
|---|---|
| **Retestmethode** | Ein Test wird mit ein und derselben Stichprobe nach einer gewissen Zeit wiederholt durchgeführt. Die Korrelation der beiden Testergebnisse drückt die Retestreliabilität aus (= Stabilität). |
| **Paralleltest-methode** | Zwei Testversionen (A und B), die sich stark ähneln, werden ein und derselben Stichprobe in einem kurzen Zeitabstand nacheinander dargeboten. Die Korrelation der beiden Testversionen drückt die Paralleltestreliabilität aus (= Äquivalenz). |
| **Testhalbierungs-methode** | Ein Test wird an einer Stichprobe durchgeführt, wobei die Items des Tests in zwei Testhälften aufgeteilt sind. Die Testhalbierung kann auch als Sonderform der Paralleltestmethode angesehen werden. Die Korrelation der beiden Testhälften drückt die Split-Half-Reliabilität aus. |

**Tab. 5:** Formen der Reliabilität

- **Validität:** Das Kriterium der Validität (Gültigkeit) bezieht sich auf die Frage, ob und wie genau ein Verfahren tatsächlich das Phänomen misst, „das es zu messen vorgibt". Eine Validitätsprüfung gibt Auskunft darüber, inwiefern Mess- und Merkmalswerte (Ausprägung des hypothetischen Konstruktes) übereinstimmen. Man unterscheidet bei der Operationalisierung von Konstrukten die in Tab. 6 dargestellten Formen der Validität (Döring/Bortz 2016, S. 446 f.; Bühner 2010, S. 61 ff.; Balderjahn 2003, S. 130 ff.).

| | Beschreibung |
|---|---|
| **Inhalts-validität** | Inhaltsvalidität liegt vor, wenn die einem Konstrukt zugehörigen Items das zu messende Merkmal begrifflich erfassen. Dies kann für alle Personen offenkundig sein (**Augenscheinvalidität**). Wenn Experten auf Basis ihres Fachwissens beurteilen, wie gut die gewählten Items ein Konstrukt inhaltlich abbilden, spricht man von **Expertenvalidität**. |
| **Kriteriums-validität (empirische Validität)** | Mit der Kriteriumsvalidität wird geprüft, ob die Messwerte eines Konstruktes (z. B. Skala A zur Meinungsführerschaft) mit einem anderen Messinstrument des Konstruktes (z. B. zweite Skala B zur Meinungsführerschaft) oder mit einem externen Kriterium (z. B. Beobachtung des Kommunikationsverhaltens) hoch korrelieren. Anhand des Zeitpunkts der Messung des Kriteriums lassen sich Unterformen abgrenzen: |

| | Beschreibung |
|---|---|
| **Kriteriums-validität (empirische Validität)** | – **Konkurrenzvalidität:** Um bspw. eine Skala zur Messung der Meinungsführerschaft empirisch zu validieren, könnte man Probanden gleichzeitig danach fragen, ob sie in letzter Zeit ihr Wissen zu einem neuen am Markt befindlichen Produkt in ihrem Bekanntenkreis weitergegeben haben.<br>– **Prognosevalidität:** Zudem wäre es möglich, Personen, die eine Skala zur Meinungsführerschaft beantwortet haben, zunächst in einer simulierten Einkaufssituation im Labor mit einem neuen Produkt zu konfrontieren und daraufhin ihr Kommunikationsverhalten zu beobachten. |
| **Konstrukt-validität** | Die Konstruktvalidität bezieht sich auf die Beziehung des Konstruktes zu anderen manifesten, d. h. direkt messbaren, und latenten Variablen und deren Einbettung in theoretische Zusammenhänge. Folgende drei Kriterien sind im Rahmen der Konstruktvalidierung zu prüfen:<br>– **Konvergenzvalidität:** Die Indikatoren des Konstruktes müssen mit dem Konstrukt stark korrelieren.<br>– **Diskriminanzvalidität:** Die Indikatoren eines Konstruktes dürfen nicht oder nur gering mit anderen Konstrukten korrelieren.<br>– **Nomologische Validität:** Die Messung eines Konstruktes ist dann valide, wenn theoretisch postulierte Zusammenhänge zu anderen Konstrukten nachgewiesen werden können. Das Konstrukt muss sich so wie vorhergesagt in ein Netz von Beziehungen zu anderen Konstrukten einfügen. So sollte bspw. eine gewisse Korrelation des Konstruktes Meinungsführerschaft zu Konstrukten wie Extraversion, soziale Aktivität, Produktinvolvement und Innovativität bestehen. |

**Tab. 6:** Formen der Validität

### *1.3.3.2 Beobachtung*

Der Erfolg eines Produktes ist letztlich davon abhängig, ob Konsumenten es tatsächlich kaufen oder nicht. Das trifft selbstverständlich auch auf das neue Mixgetränk von Limonatik zu. Eine Möglichkeit das Verhalten (z. B. die Reaktion der Konsumenten auf das neue Mixgetränk in einer realen Kaufsituation) zu messen, ist die Beobachtung. Ihre Vorteile liegen vor allem darin, dass Probanden entweder die Testsituation nicht wahrnehmen oder ihnen zumindest der tatsächliche Zweck der Untersuchung verborgen bleibt. Die Beobachtung ist damit meist weniger anfällig für bewusste, willentliche Verfälschungen der Testergebnisse durch die Testperson. Berekoven et al. (2009, S. 141 ff.) unterscheiden nach dem Grad, zu dem der beobachteten Person bewusst ist, dass sie beobachtet wird, zwischen den in Tab. 7 dargestellten Formen der Beobachtung.

| | Proband hat Kenntnis über | | | Beispiel |
|---|---|---|---|---|
| | Beobachtungssituation | Eigene Rolle/Aufgabe | Zweck der Untersuchung | |
| **Offene Beobachtung** | ☑ | ☑ | ☑ | Marta Formula lädt Probanden zu einem Usability-Test der neuen Limonatik-Website ein. Sie erfasst das Klickverhalten und die Kommentare der Probanden beim Surfen auf der Website schriftlich. |
| **Nicht-durchschaubare Beobachtung** | ☑ | ☑ | ☐ | Testpersonen, die bei einem Regaltest in einem Testlabor verschiedene Limonadensorten vergleichen, sind sich der künstlich geschaffenen Situation bewusst, wissen dennoch nicht, welches Ziel mit dem Test (z. B. Vergleich verschiedener Verpackungen) verfolgt wird. |
| **Quasi-biotische Beobachtung** | ☑ | ☐ | ☐ | Das Einkaufsverhalten in der Getränkeabteilung wird mit Hilfe apparativer Verfahren (bspw. Blickregistrierung) beobachtet. |
| **Biotische Beobachtung** | ☐ | ☐ | ☐ | Bei Kundenlaufstudien in Einzelhandelsgeschäften werden zufällig ausgewählte Kunden vom Betreten bis zum Verlassen des Geschäftes beobachtet. Marta Formula interessiert besonders, ob die Kunden vor speziell aufgestellten Werbedisplays für das neue Mixgetränk stehen bleiben. |

*Quelle: Auf Basis von Berekoven et al. (2009), S. 141 ff.*

**Tab. 7:** Formen der Beobachtung nach dem Bewusstseinsgrad des Beobachteten

Nach der Rolle, die der Beobachter im Beobachtungsprozess einnimmt, wird zwischen der teilnehmenden und der nicht-teilnehmenden Beobachtung unterschieden. Bei der **teilnehmenden Beobachtung** nimmt der Beobachter eine aktive Rolle im Beobachtungsgeschehen ein (z.B. simuliert er ein Verkaufsgespräch und interagiert direkt mit der beobachteten Person). Ist dies der beobachteten Person bewusst, kann die unmittelbare Präsenz bei ihr Unbehagen oder auch Ablehnung auslösen. Der Regelfall sind deshalb **nicht-teilnehmende Beobachtungen**, bei denen sich der Beobachter ganz auf seine Beobachtungsfunktion beschränkt (Fantapié Altobelli 2017, S. 117).

Neben der Beobachtung durch den Versuchsleiter können auch **apparative Verfahren** zur Beobachtung der Probanden eingesetzt werden. Verfahren der Blickregistrierung zeichnen bspw. Bewegungen der Augen auf, während der Proband eine Anzeige betrachtet. Den Forscher interessieren hierbei v.a. die Fixationen, d.h. auf welchen Bild- oder Textelementen der Blick wann, wie oft und wie lange verweilt. Dies gilt als Indikator für Aufmerksamkeit. Durch die Blickregistrierung lässt sich bspw. prüfen, ob die Produktgestaltung oder das Werbemittel die Zielsetzung erreicht und der Betrachter alle wichtigen Informationen beachtet. Auch die Aktivierung eines Menschen ist durch apparative Methoden messbar. Das Psychogalvanometer prüft bspw. den Hautwiderstand, der sich bei emotionalen Reaktionen verringert. Aus der Muskelspannung, die mit einem Elektromyogramm (EMG) gemessen wird, lassen sich Rückschlüsse auf Emotionen ziehen. Das Elektrokardiogramm (EKG) misst die Herzfrequenz, die ebenso als Indikator für die Aktivierung einer Person herangezogen wird. Bei all diesen Verfahren kann der Forscher allerdings nicht feststellen, welche Valenz die Aufmerksamkeit bzw. Aktivierung aufweist, d.h. ob eine Person positiv (Sympathie) oder negativ (Antipathie) empfindet. In der jüngeren Vergangenheit werden apparative Verfahren immer wieder mit dem Neuromarketing (auch Consumer Neuroscience) in Verbindung gebracht (Kenning 2014). Mit Hilfe von Messgeräten wie der Elektroenzephalografie (EEG) oder der funktionellen Magnetresonanztomografie (fMRT) ist es möglich zu erfassen, wie bestimmte Reize auf die Aktivität in verschiedenen Hirnregionen wirken.

Das Verhalten der Kunden kann ein Marketing-Forscher auch **online** beobachten. Mit Hilfe von Logfile-Daten, die der Provider ähnlich einer Kundenlaufstudie für jeden Besucher der Website aufzeichnet, kann registriert werden, welchen Weg ein Nutzer einer Website zurücklegt, welche Seiten er besucht und welche Links er anklickt. Falls Daten darüber vorliegen, ob ein Nutzer ein Produkt tatsächlich gekauft hat, dienen Logfiles ebenfalls dazu, die Werbewirkung verschiedener Zugangswege (z. B. Suchfunktion der Homepage, Bannerwerbung auf der Titelseite) zu messen. Auch mobile Apps, die bspw. über GPS die Lokalität und die Bewegung der Kunden aufzeichnen (z. B. Schrittzähler und andere Formen der Selbstvermessung), können – das Einverständnis der Probanden vorausgesetzt – wertvolle Information liefern.

#### *1.3.3.3 Experiment*

Das Experiment ist das überlegene Verfahren, wenn es darum geht, Kausalität, d. h. Ursache-Wirkungs-Zusammenhänge, nachzuweisen. In einem **Experiment** wird eine Ursache (Treatmentvariable) in einer Versuchsanordnung unter wiederholbaren, kontrollierten Bedingungen gezielt variiert und im Anschluss geprüft, ob die beabsichtigte Wirkung eintritt (Döring/Bortz 2016, S. 194, vgl. Abb. 2). Dabei ist zu beachten, dass die Marketing-Forschung keine deterministischen Aussagen („Wer den Spot gesehen hat, kauft anschließend Kokoslimonade."), sondern statistische bzw. probabilistische Zusammenhänge prüft („Bei Personen, die den humorvollen Werbespot gesehen haben, ist die Wahrscheinlichkeit, das neue Mixgetränk zu kaufen, höher ist als bei Probanden, die den Spot nicht kennen."). Um Aussagen über **Kausalität**, d. h. Ursache-Wirkungs-Zusammenhänge treffen zu können, müssen folgende Anforderungen gleichzeitig erfüllt sein (Shadish et al. 2001):

1. Die vermutete Ursache (auch unabhängige Variable, UV) und die angenommene Wirkung (auch abhängige Variable, AV) müssen **korrelieren**, d. h. miteinander in Zusammenhang stehen. In unserem Beispiel könnte die Schaltung eines humorvollen Werbespots für das neue Mixgetränk die UV und die Kaufabsicht der Verbraucher die AV sein.
2. Es muss sichergestellt sein, dass es keine **Störgrößen** gibt, die ebenfalls die abhängige Variable beeinflussen. Wenn Limonatik zur gleichen Zeit neben dem TV-Spot eine großangelegte Plakatkampagne startet, kann nicht ausgeschlossen werden, dass die vermehrten Käufe der Kunden auch durch die Plakate ausgelöst werden.
3. Die Ursache muss **zeitlich** vor der Wirkung liegen. Wenn ein Proband das neue Mixgetränk bereits getestet hat, bevor er den TV-Spot sieht, lässt sich die Kaufabsicht nicht auf die Werbemaßnahme zurückführen.

Nach der Art des Versuchsdesigns lässt sich zunächst zwischen Between-Subjects- und Within-Subjects-Designs unterscheiden (vgl. Abb. 3). Bei einem **Between-Subjects-Design** bewertet jeder Proband nur ein Treatment (z. B. beurteilt ein Proband nicht gleichzeitig eine humorlose und eine humorvolle Anzeigenvariante), während bei

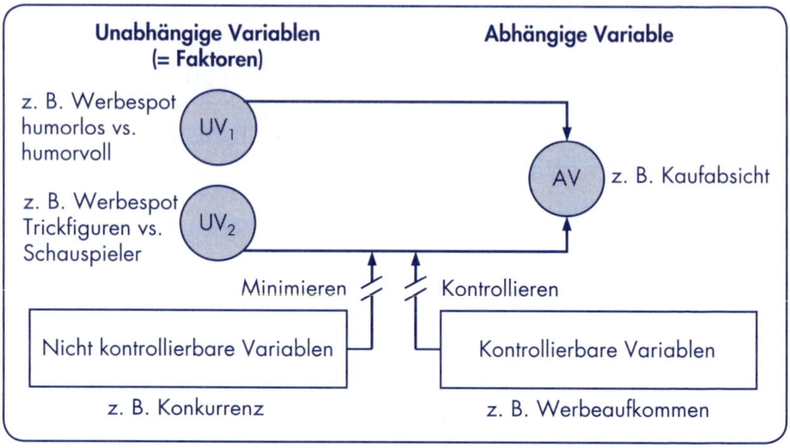


**Abb. 2:** Experimentelles Design

**Within-Subjects-Designs** je Proband mehrere Treatments bewertet werden (der Proband beurteilt bspw. zunächst die humorlose Anzeige und danach auch die humorvolle Variante). Bei Within-Subjects-Designs können Übertragungseffekte auftreten. Zum Beispiel könnte die als erstes gezeigte Anzeige von Limonatik als anstößig empfunden werden, sodass bei den Probanden auch bei den darauf gezeigten Anzeigen eine negative Beurteilung mitschwingt, welche die nachfolgenden Beurteilungen färbt. Da derartige Effekte bei Between-Subjects-Designs nicht möglich sind (Shadish et al. 2001), werden diese oft bevorzugt eingesetzt. Bei Between-Subjects-Designs spielt jedoch die in Abb. 9 veranschaulichte Randomisierung eine wichtige Rolle. Um den Effekt des Treatments bei äquivalenten Gruppen prüfen zu können, müssen die Probanden der Experimental- und der Kontrollgruppe zufällig zugewiesen werden.

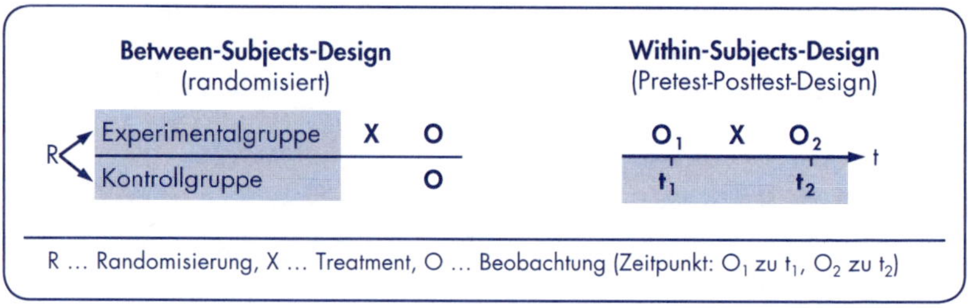


**Abb. 3:** Grundformen der Versuchspläne

Zudem lässt sich zwischen ein- und mehrfaktoriellen Designs unterscheiden. Während in **einfaktoriellen Experimenten** nur eine Variable manipuliert wird (z. B. der Humorgehalt einer Anzeige: nicht humorvoll vs. humorvoll oder aggressiver vs. warmherziger Humor), werden bei **mehrfaktoriellen Experimenten** gleichzeitig mehrere Variablen manipuliert (z. B. UV1: Humorart: aggressiver vs. warmherziger Humor; UV2: Geschlecht des in der Anzeige dargestellten Models: männlich vs. weiblich). In diesem Fall kann der Forscher prüfen, ob ein **Interaktionseffekt** vorliegt, d. h. ob der Einfluss einer Treatmentvariablen auf die abhängige Variable von der Ausprägung der anderen Treatmentvariablen abhängt (Schwarz et al. 2015). Beispielsweise könnte es sein, dass ein aggressiv-humorvoller Werbespot mit männlichen Models stärker wirkt und ein warmherzig-humorvoller Werbespot mit weiblichen Models besser funktioniert.

Nach dem Ort der Durchführung unterscheidet man **Laborexperimente**, welche in einem speziell dafür geschaffenen, künstlichen Umfeld stattfinden, und **Feldexperimente**, die in der natürlichen Umgebung des Probanden (z. B. im Supermarkt) durchgeführt werden. Welche der beiden Varianten ein Forscher wählt, hängt dabei auch davon ab, ob er Wert auf einen hohen Grad an interner, externer oder ökologischer Validität legt (vgl. Tab. 8). Nur mit Laborexperimenten gelingt es weitestgehend, Störeinflüsse auszuschließen und damit eine hohe **interne Validität** zu garantieren. Allerdings vermindert die Laborsituation die **externe** und die **ökologische Validität**, die bei einem Feldexperiment eher gewährleistet sind. Die Güte einer experimentellen Versuchsanordnung konkretisiert sich an diesen Zielvorgaben, die teils konträr zueinander stehen. In vielen wissenschaftlichen Fachartikeln werden deshalb auch Experimentalreihen publiziert, die aus mehreren Labor- und einem oder mehreren Feldexperimenten bestehen.

Letztendlich ist die **interne Validität** das zentrale Kriterium, da sie eine Aussage darüber trifft, ob Kausalität unterstellt werden kann. Um dies zu gewährleisten, muss ein Forscher Störeffekte minimieren. Die AV sollte nur durch die UV beeinflusst sein. Eine Konfundierung läge vor, wenn die UV mit einer Störvariable korreliert und der Einfluss auf die AV auf diese Störvariable zurückzuführen ist. Beim Design eines Experimentes muss also immer bedacht werden, dass verschiedene Störeffekte auftreten können, die durch Merkmale der Versuchspersonen (z. B. Persönlichkeitsmerkmale, kognitive Fähigkeiten oder aktuelle Bedürfnisse wie Hunger und Durst), die Situation (z. B. Lärmbelästigung, schlechte Lichtverhältnisse) oder andere Faktoren ausgelöst werden können.

Der Einfluss eventueller unbekannter und nicht-kontrollierbarer Störgrößen (insb. auch psychologischer Merkmale der Teilnehmer) sollte möglichst auf alle Experimental- und Kontrollgruppen gleich stark sein, sodass kein systematischer Fehler auftritt. Um dies zu gewährleisten, werden Untersuchungseinheiten bei Between-Subjects-Designs durch **Randomisierung**, d. h. nach dem Zufallsprinzip, den verschiedenen Gruppen zugeordnet. Dadurch sollen sich die unbekannten Störeinflüsse verteilen und die Gruppen sind weitgehend äquivalent. Ist eine Randomisierung nicht möglich, spricht man von **Quasi-Experimenten** (Shadish et al. 2001). Auch hier wird die unabhängige Variable aktiv variiert, die Versuchspersonen werden den Gruppen aber nicht zufällig zugeordnet, sondern es werden bereits existierende Gruppen verglichen (z. B. Käufer des Supermarktes A, bei dem ein Werbeplakat angebracht wurde, mit Käufern des Supermarktes B ohne Werbeplakat).

| | **Beschreibung** |
|---|---|
| **Interne Validität** | Interne Validität liegt vor, wenn die gezielte Manipulation der UV (= Treatment) die einzige mögliche Ursache für die Variation der AV ist. Das Experiment muss so geplant sein, dass keinerlei unkontrollierte Störeinflüsse vorliegen. Wenn Marta Formula der Experimentalgruppe das neue Mixgetränk eisgekühlt serviert und die Kontrollgruppe eine herkömmliche Limonade bei Zimmertemperatur kostet, so könnte die Temperatur des Getränkes eine konfundierende Variable sein, welche die interne Validität in Frage stellt. |
| **Externe Validität** | Gleichzeitig sollen sich die Ergebnisse eines Experimentes aber auch auf andere Personen oder andere Situationen übertragen lassen. Marta Formula könnte über eine befreundete ehemalige Kommilitonin, die an der Universität arbeitet, z. B. einfach Zugang zu einer Stichprobe mit Studierenden der Wirtschaftswissenschaften erhalten. Diese Stichprobe wäre allerdings nicht repräsentativ für die Grundgesamtheit. |
| **Ökologische Validität** | Die ökologische Validität ist eine Sonderform der externen Validität. Sie gibt an, inwiefern die Ergebnisse eines Experimentes auf eine natürliche Umgebung übertragbar sind. So kann die Beurteilung einer Printanzeige für das neue Mixgetränk, die Marta Formula den Probanden im Rahmen einer Online-Umfrage präsentiert, ganz anders ausfallen, als wenn der Rezipient die Anzeige in einer Zeitschrift betrachtet. |

*Quelle: Hoffmann/Akbar (2016), S. 28; Berekoven et al. (2009), S. 82 f.*

**Tab. 8:** Formen der Validität bei experimentellen Studien

Alternative Erklärungen eines Effekts auf die AV werden als **Bedrohungen der internen Validität** bezeichnet. Sie sind sehr ausführlich bei Shadish et al. (2001) beschrieben. Bei **Between-Subjects-Designs** kann insb. ein **Selektionseffekt** auftreten. Lässt sich eine Randomisierung nicht realisieren, ist es möglich, dass sich Experiment- und Kontrollgruppe bereits ohne Treatment hinsichtlich der untersuchten Größe systematisch unterscheiden (z. B. Kaufwahrscheinlichkeit von Kokoslimonade bei den Käufern in Supermarkt A und B). Unterschiede zwischen den Gruppen bei der abhängigen Variablen können damit nicht eindeutig auf die unabhängige Variable zurückgeführt werden. Diesem Problem kann der Forscher nur entgehen, wenn er vor dem Treatment beide Gruppen untersucht und die Ausprägung der abhängigen Variable vergleicht.

Im Folgenden sind die wichtigsten Bedrohungen der internen Validität bei **Within-Subjects-Designs** (Messwiederholungsplänen) aufgelistet (Döring/Bortz 2016, S. 103.; Shadish et al. 2001).

- **Externe zeitliche Einflüsse**: Zwischen der Vorher- und Nachhermessung können andere gleichzeitig auftretende Einflüsse (z. B. gleichzeitige Einführung eines Konkurrenzproduktes am Markt) auf die abhängige Variable wirken. Dieser Effekt lässt sich durch eine Kontrollgruppe kontrollieren.
- **Reifung**: Zwischen der Vorher- und Nachhermessung können sich die Meinungen und Einstellungen des Probanden aufgrund von „Reifungsprozessen" verändert haben. Möglicherweise führte eine Testperson zwischen den beiden Testzeitpunkten der neuen Kokoslimonade eine Fernreise durch und seitdem lösen Kokosprodukte bei ihr positive Erinnerungen aus, weshalb ihre Produktbeurteilung bei der Nachhermessung deutlich besser ausfällt.
- **Pretesteffekt**: Versuchspersonen, die vor und nach dem Treatment untersucht werden, gewöhnen sich an die Testsituation und ändern möglicherweise ihre Einstellung bzw. ihr Verhalten und damit die abhängige Variable. Dieser Effekt spricht dagegen, vorher und nachher dieselbe Personengruppe zu testen. Er lässt sich nur eindämmen, indem ein Forscher den Sinn des Experimentes vor den Probanden verbirgt.
- **Experimentelle Mortalität**: Meist fallen im Verlauf einer Testreihe nacheinander mehrere Probanden aus. Dies ist dann problematisch, wenn die ausfallenden Probanden sich strukturell von den verbleibenden unterscheiden. In unserem Fallbeispiel könnten Liebhaber von Limonaden die gesamte Testreihe durchlaufen, während gesundheitsbewusste Wassertrinker evtl. aussteigen. Eine derartige Verzerrung hätte zur Folge, dass die Beurteilungen der Limonade am Ende der Testreihe aufgrund der veränderten Stichprobenzusammensetzung positiver ausfallen.

Bei echten Experimenten wird der Einfluss von Störgrößen durch die Randomisierung weitgehend kontrolliert, bei Quasi-Experimenten (die z. B. bei Feldexperimenten häufiger zum Einsatz kommen) ist dies nicht möglich. Um den Einfluss von Störgrößen bei Quasi-Experimenten zu reduzieren, bieten sich folgende Maßnahmen an (Döring/Bortz 2016, S. 200 ff.; Aaker et al. 2013, S. 282 ff.; Bröder 2011, S. 151 ff.; Shadish et al. 2001):

- **Konstanthalten**: Eine eventuelle Störgröße wird möglichst konstant gehalten, sodass sie in allen Untersuchungsgruppen gleich ausgeprägt ist und die abhängige Variable damit nicht beeinflussen kann. Hätte Marta Formula bspw. die Vermutung, dass die Kenntnis des Werbespots für ein Konkurrenzprodukt die Beurteilung des Werbespots für die neue Kokoslimonade beeinflusst, so könnte sie ihr Experiment zunächst nur mit Personen durchführen, die bislang keine Werbung der Konkurrenz gesehen haben.
- **Zusätzliche unabhängige Variable:** Falls es nicht möglich oder sinnvoll ist, den Einfluss einer potenziellen Störvariablen konstant zu halten, bietet es sich an, die Variable als Faktor in das experimentelle Design zu integrieren. Es ist bspw. möglich, dass die Kaufwahrscheinlichkeit nicht nur davon abhängt, ob ein Proband eine Werbung für das Produkt wahrnimmt und erinnert, sondern auch davon, ob er markenbewusst ist oder nicht. Kontrollieren ließe sich dieser Effekt, indem Marta Formula mehrere markenbewusste und nicht-markenbewusste Personen getrennt voneinander daraufhin untersucht, ob sich deren Kaufwahrscheinlichkeit mit und ohne Werbung unterscheidet.
- **Parallelisierung**: Kann eine potenzielle Störvariable weder konstant gehalten noch als UV aufgenommen werden, so sollte die Verteilung der Störvariablen in den Untersuchungsgruppen weitgehend gleich verteilt sein. Angenommen Marta Formula möchte durch eine Verkostung die ideale Größe der Kokosstückchen bestimmen und sie bietet die neue Limonade in Supermarkt A mit großen Stückchen und in Supermarkt B mit kleinen Stückchen an. Der Bildungsgrad der Konsumenten, die in den Märkten einkaufen, könnte einen Einfluss auf die Bewertung haben. Deshalb wählt sie zwei Supermärkte aus, die in Wohngebieten liegen, in denen eine äquivalente Verteilung verschiedener Bildungsabschlüsse vorliegt. Von einem **Matching** spricht man dann, wenn dabei sogar Probandenpaare identifiziert werden, bei denen die potenziellen Störgrößen vergleichbar sind. Jeweils ein Proband des Paars wird der Experiment- und einer der Kontrollgruppe zugeordnet. In unserem Beispiel könnte Marta Formula bspw. Matching-Paare bilden, indem sie in beiden Supermärkten je einen Kunden mit ähnlichem Profil (z. B. männlicher Lehrer mit mittlerem Alter) sucht.

### 1.3.4 Auswahl der Probanden

Nachdem ein Marketing-Forscher die Erhebungsformen und die Messinstrumente festgelegt hat, muss er im nächsten Schritt die Auskunftspersonen auswählen. Dabei stehen drei Fragen im Vordergrund:

- Welcher Personenkreis soll adressiert werden (Grundgesamtheit)?
- Wie sollen die Probanden ausgewählt werden (Verfahren der Stichprobenziehung)?
- Wie viele Probanden sind notwendig (Umfang der Stichprobe)?

*Grundgesamtheit der Studie und Repräsentativität*

Welche Personen bei einer empirischen Studie als Auskunftsquelle dienen, hängt in erster Linie vom Untersuchungsziel ab. So ist es bspw. vergleichsweise einfach, die Zufriedenheit der eigenen Kunden mit bereits eingeführten Produkten zu messen. Limonatik könnte bspw. einen QR-Code mit Link zur Befragung auf den Limonadenflaschen anbringen. Schwieriger gestaltet es sich, wenn man wie Limonatik in unserem Beispiel die Akzeptanz eines neuen Produktes abschätzen möchte. Sollen in diesem Fall nur bisherige Kunden, alle potenziellen Kunden oder sogar alle Konsumenten befragt werden? Der interessierende Personenkreis (**Grundgesamtheit**) muss dabei sowohl bezüglich Anzahl als auch hinsichtlich relevanter Merkmale, wie Alter, Geschlecht, Kunde/Nichtkunde abgrenzbar sowie erreichbar sein (bspw. via Adresse, Telefon-, Internetanschluss).

Marta Formula sollte in diesem Zusammenhang beachten, dass die Auswahl der Probanden die Untersuchungsergebnisse beeinflussen kann, denn unterschiedliche Interessengruppen vertreten auch differierende Ansichten. So variieren bspw. die Befragungsergebnisse zur Einstellung gegenüber Mixgetränken vermutlich zwischen jüngeren und älteren Konsumenten. Ein vollständiges Bild ergibt sich nur, wenn alle in Frage kommenden Auskunftspersonen einbezogen werden. **Vollerhebungen** sind jedoch im Allgemeinen aus finanziellen und zeitlichen Gründen nicht möglich. Stattdessen beschränkt man sich auf einen kleineren Teil der Grundgesamtheit (= Teilerhebung), der nach bestimmten relevanten Kriterien ausgewählt und als **Stichprobe** bezeichnet wird (Berekoven et al. 2009, S. 45).

Idealerweise sollte die Stichprobe so gewählt werden, dass sie **repräsentativ** ist. Das heißt, dass die Zusammensetzung der Stichprobe die Grundgesamtheit widerspiegelt und dass sich damit aus den Ergebnissen der Stichprobe Rückschlüsse auf die Grundgesamtheit (= „Hochrechnung“) ziehen lassen (Magerhans 2016, S. 76; Schnell et al. 2013). Dies würde bedeuten, dass die Stichprobe bezüglich aller Merkmale, die für die Untersuchung relevant sind, der Grundgesamtheit entspricht. In diesem Fall bildet die Stichprobe die wahren

Verhältnisse zwar verkleinert, aber realitätsnah ab. Voraussetzung für Repräsentativität ist demnach, dass der Forscher die Grundgesamtheit definiert und eine entsprechende Auswahlgrundlage hat (z. B. Verzeichnis der Kunden), aus der er die Stichprobe ziehen kann.

Ob eine Stichprobe repräsentativ ist oder nicht, überprüft man in der Praxis häufig, indem Merkmale aus der Stichprobe mit denen aus der Grundgesamtheit verglichen werden. Dies kann jedoch allerhöchstens als ein grobes Indiz gelten; denn i. d. R. sind gerade Meinungen und Verhaltensweisen der Grundgesamtheit, die sich auf den Untersuchungszweck beziehen, unbekannt. Daher werden häufig soziodemografische Merkmale wie Alter und Geschlecht für einen solchen Vergleich herangezogen. Über die Repräsentativität entscheidet indes in erster Linie, wie die Stichprobe aus der Grundgesamtheit gezogen wird (von der Heyde 2014, S. 30 f.).

Um eine Stichprobe zu ziehen, stehen verschiedene Auswahlverfahren zur Verfügung, die nicht alle dem Ideal der Strukturgleichheit gerecht werden. Dennoch sind auch hiermit Hochrechnungen legitim. Berekoven et al. (2009, S. 45) bezeichnen eine Stichprobe auch dann als repräsentativ, wenn sie (lediglich) einen nur mit geringen Fehlern behafteten Rückschluss auf die Grundgesamtheit zulässt.

*Verfahren der Stichprobenziehung*

Die Verfahren der Stichprobenziehung lassen sich in Verfahren der Zufallsauswahl und Verfahren der bewussten, nicht zufälligen Auswahl unterteilen (Kuß et al. 2014, S. 71 ff.; Schnell et al. 2013; Berekoven et al. 2009, S. 46 ff.; Raab et al. 2009, S. 48 ff.).

*Verfahren der Zufallsauswahl*

Von einer Zufallsauswahl spricht man, wenn jedes Element der Grundgesamtheit eine von Null verschiedene Wahrscheinlichkeit besitzt, in die Stichprobe zu gelangen. Kuß et al. (2014, S. 72 ff.) differenzieren die Verfahren der Zufallsauswahl danach, ob die Grundgesamtheit vor der Ziehung der Stichprobe weiter unterteilt wird (geschichtete Zufallsauswahl, Klumpenauswahl) oder nicht (einfache Zufallsauswahl). Die **geschichtete Zufallsauswahl** ist ein Verfahren, bei dem eine vergleichsweise heterogene Grundgesamtheit in mehrere homogene Untergruppen aufgeteilt wird, aus denen dann jeweils Zufallsstichproben gezogen werden (z. B. Befragung zur Akzeptanz von Mixgetränken bei Jugendlichen, jungen Erwachsenen und Rentnern). Bei der **Klumpenauswahl** werden Teilmengen aus Untersuchungseinheiten gebildet, die eine natürliche Nähe zueinander aufweisen (z. B. Schulklassen, Wohnblöcke, Unternehmensabteilungen). Einige dieser Klumpen werden anschließend zufällig ausgewählt, wobei alle Elemente des ausgewählten Klumpens in die Stichprobe einfließen müssen (z. B. alle Schüler einer Klasse). Bei der **einfachen Zufallsauswahl** (auch Urnen- oder Lotteriemodell) werden die Probanden aus einer ungeteilten Grundgesamtheit gezogen. Die einfache Auswahl setzt ein vollständiges Verzeichnis der Elemente der Grundgesamtheit voraus (z.B. die Kundendatenbank eines Finanzdienstleisters).

*Verfahren der bewussten Auswahl*

Während die Verfahren der Zufallsauswahl auf Zufallsmechanismen basieren, werden bei der bewussten Auswahl die Stichproben nach bestimmten, im Vorfeld festgelegten Merkmalen ausgewählt. Auch diese Verfahren haben das Ziel, eine repräsentative Stichprobe zu ermitteln (Berekoven et al. 2009, S.49ff.; Raab et al. 2009, S.58ff.). In der Praxis am weitesten verbreitet ist das **Quotaverfahren**, bei dem im Vorfeld einer Erhebung mittels leicht zu erhebender Merkmale (z.B. Alter, Geschlecht, Bildungsgrad) Quoten gebildet werden, anhand derer später die Stichprobe ausgewählt wird (z.B. Befragung von jeweils 25 % Männer ≤ 30 Jahre, Männer > 30 Jahre, Frauen ≤ 30 Jahre, Frauen > 30 Jahre). Jeder Interviewer erhält vor Beginn der Befragung einen Quotenplan und wählt die von ihm zu befragenden Probanden allein anhand dieser Quotierungen aus. Für die **typische Auswahl** ist charakteristisch, dass eine kleine Stichprobe von Teilnehmern gezogen wird, von denen man annimmt, dass sie eine homogene Personengruppe besonders gut repräsentieren und sich besonders gut in einem Themengebiet auskennen. Die typische Auswahl findet häufig in der qualitativen Marktforschung Einsatz. Marta Formula könnte zu einer Gruppendiskussion zum Beispiel nur Studentinnen einladen, weil sie diese als typische potenzielle Käufer von Limonaden-Mixgetränken ansieht. Der **willkürlichen Auswahl** (auch Auswahl aufs Geratewohl, Convenience-Sample) liegen schließlich keinerlei Auswahlvorgaben zugrunde. Vielmehr werden für eine Stichprobe Personen ausgewählt, die gerade gut zu erreichen sind. Ein Beispiel ist die Befragung von Passanten in einer Einkaufspassage. Die willkürliche Auswahl ist das am einfachsten umsetzbare und kostengünstigste Verfahren der Stichprobenziehung. Es kann aber nicht als repräsentativ gelten.

*Umfang der Stichprobe*

Wie groß die Stichprobe sein soll, hängt von der Art der geplanten Untersuchung ab. Bei qualitativen Studien befragt man deutlich weniger Personen als bei quantitativen. Möchte Marta Formula bspw. ermitteln, warum Jugendliche gerne Mixgetränke trinken, dann böte sich zunächst eine qualitative Studie an. Aufgrund des explorativen Charakters solcher Studien (vgl. Kap. 1.3.1) sind vergleichsweise geringe Stichprobenumfänge üblich. Möglich wären Gruppendiskussionen, an denen i. d. R. zwischen sechs bis acht Probanden teilnehmen und ggf. zwei bis vier Diskussionen zum selben Thema durchgeführt werden (bspw. in unterschiedlichen Regionen Deutschlands). Auch qualitative Einzelinterviews mit einer begrenzten Anzahl an Personen sind in diesem Fall denkbar (z. B. 15 bis 25 Befragte).

Plant Marta Formula im Anschluss eine quantitative Studie, hängt der Umfang der Stichprobe davon ab, mit welchen Analyseverfahren sie die erhobenen Daten auswerten möchte. Sollen deskriptive Maße wie relative Häufigkeit und Mittelwert ermittelt werden, dann entscheidet über den Stichprobenumfang insb. das angestrebte Konfidenzintervall (Vertrauensbereich). Es gibt den Bereich um den geschätzten Wert an, in dem mit einer gewissen Wahrscheinlichkeit (üblicherweise 95 % bzw. 99 % = Konfidenzkoeffizient) auch der wahre Wert der Grundgesamtheit liegt (vgl. Bsp. 2).

**Beispiel 2: Stichprobenumfang in Abhängigkeit vom Konfidenzintervall**

Wenn Marta Formula als Ergebnis einer Studie bspw. Mittelwerte berichten möchte, kann sie vorab den notwendigen Umfang der Stichprobe abhängig davon bestimmen, wie genau die Schätzergebnisse sein sollen. Eine Aussage über die Genauigkeit oder Präzision von Ergebnissen treffen Konfidenzintervalle. Sie geben an, in welchem Bereich um den geschätzten Wert sich der wahre Wert der Grundgesamtheit üblicherweise mit einer Wahrscheinlichkeit von 95 % bzw. 99 % befindet. Marta Formula müsste sich also überlegen, wie breit das Konfidenzintervall des zu schätzenden Mittelwertes sein darf.

Das Konfidenzintervall für einen Mittelwert lässt sich wie folgt bestimmen:

*Untere Grenze* $= \bar{x} - z_{(\alpha/2)} * SE_{\bar{x}}$ und *Obere Grenze* $= \bar{x} + z_{(\alpha/2)} * SE_{\bar{x}}$

Dabei ist $z_{(\alpha/2)}$ der Wert der Standardnormalverteilung, der sich abhängig vom gewählten Konfidenzkoeffizienten bzw. Signifikanzniveau ($\alpha$; vgl. Kap. 1.5.3) aus einer entsprechenden Tabelle entnehmen lässt, die in allen einschlägigen Statistikbüchern zu finden ist. Der Standardfehler des Mittelwertes ($SE_{\bar{x}}$) wird als Quotient aus Standardabweichung (s; vgl. Kap. 1.5.2) und Wurzel des Stichprobenumfangs (n) berechnet:

$$SE_{\bar{x}} = \frac{s}{\sqrt{n}}$$

Folglich ergibt sich als Breite des Konfidenzintervalls $KIB = 2 * z_{(\alpha/2)} * SE_{\bar{x}}$.

Wir wollen das Konfidenzintervall am Beispiel der Einstellung zu Mixgetränken bestimmen. Der geschätzte Mittelwert für die Aussage „Ich mag es, Mixgetränke zu trinken." liegt bei ,71. Die Aussage haben 461 Befragte bewertet. Die Standardabweichung beträgt 1,83. Für einen Konfidenzkoeffizienten von 95 % nimmt $z_{(\alpha/2)}$ den Wert 1,96 an, für 99 % ist $z_{(\alpha/2)} = 2{,}58$. Der Mittelwert von ,71 liegt also mit einer Wahrscheinlichkeit von 95 % zwischen ,54 und ,88 (KIB = ,34) und mit einer Wahrscheinlichkeit von 99 % zwischen ,49 und ,93 (KIB = ,44).

Nehmen wir an, Marta Formula hält es für angemessen, wenn das Konfidenzintervall mit ± ,20 um den zu schätzenden Mittelwert schwankt (KIB = ,40) bei einem Konfidenzkoeffizienten von 95 %. Der notwendige Stichprobenumfang für dieses Maß an Genauigkeit der Ergebnisse lässt sich nun mit folgender Formel berechnen (für die Herleitung der Formel sei auf Bortz/Schuster 2010 verwiesen):

$$n = \frac{4 * z_{\alpha/2}^2 * s^2}{KIB^2}$$

In diesem Fall ergibt sich als Stichprobenumfang $n = \left(4 * 1{,}96^2 * 1{,}83^2\right) / \,{,}40^2 = 321{,}63$. Marta Formula sollte demnach 322 Personen befragen.

Für relative Häufigkeiten (Prozentwerte P) lautet im Übrigen die Formel wie folgt, wobei P der zu schätzende Prozentwert ist und Q das entsprechende Pendant zu 100 ($Q = 100 - P$):

$$n = \frac{4 * z_{\alpha/2}^2 * P * Q}{KIB^2}$$

In der Praxis wird es zumeist der Fall sein, dass der Wert für P unbekannt ist. In diesem Fall ist es sinnvoll, $P = Q = 50$ einzusetzen, denn bei dieser Konstellation ergibt sich bei gleichem $\alpha$ und KIB der größte Stichprobenumfang.

Möchte Marta Formula dagegen Signifikanztests durchführen (Inferenzstatistik), gilt es, einen optimalen Stichprobenumfang zu bestimmen. Der Umfang einer Stichprobe wird als optimal bezeichnet, wenn bei vorgegebener Effektgröße, Teststärke (Power) und Signifikanzniveau eine eindeutige Entscheidung darüber getroffen werden kann, ob eine zuvor festgelegte Annahme (Hypothese) zutrifft oder nicht. Beispiel 7 (S. 42) zeigt, wie sich der optimale Stichprobenumfang für einen Mittelwertunterschied ermitteln lässt. Ein optimaler Stichprobenumfang kann für jedes Testverfahren bestimmt werden (Sedlmeier/Renkewitz 2013, S. 448 ff.). Ein entsprechendes Software-Programm steht mit G*Power kostenlos zur Verfügung (Faul et al. 2007).

Diese Software können Sie unter www.gpower.hhu.de bzw. dem folgenden QR-Code herunterladen:

Zudem lassen sich in Döring/Bortz (2016, S. 840 ff.) Stichprobenumfänge für kleinere, mittlere oder große Effektgrößen für wichtige Signifikanztests finden. Döring/Bortz (2016, S. 819 ff.) dokumentieren auch, was abhängig vom Testverfahren eine kleine, mittlere oder große Effektgröße bedeutet (wobei die Werte zu Effektgrößen und Stichprobenumfängen auf Cohen 1988, 1992 zurückgehen). Darüber hinaus finden sich im vorliegenden Buch zu jedem Analyseverfahren grobe Richtwerte für die Größe der Stichprobe. In der Praxis dürfte es üblich sein, mehrere Signifikanztests mit einer Stichprobe durchzuführen. Als optimal gilt der Stichprobenumfang des Signifikanztests, der die größte Stichprobe verlangt (Döring/Bortz 2016, S. 841).

Soll die Studie für die Unternehmenspraxis und nicht für die wissenschaftliche Forschung durchgeführt werden, so ist nicht zuletzt die Stichprobengröße auch eine Frage der Akzeptanz im Unternehmen. Nur bei einem gewissen Umfang der Stichprobe sind Manager bereit, den Ergebnissen einer Studie Glauben zu schenken und Konsequenzen für ihr Handeln abzuleiten. Im Übrigen hängt der Umfang der Stichprobe nicht von der Größe der Grundgesamtheit ab (Berekoven et al. 2009, S. 60). Marta Formula müsste also nicht mehr Personen befragen, nur weil sie bspw. neben deutschen Probanden auch welche aus Österreich und der Schweiz befragen möchte (es sei denn, sie möchte diese Gruppen miteinander vergleichen). Zudem hängen auch Größe der Stichprobe und deren Repräsentativität nicht zusammen. Allerdings steigt mit zunehmendem Stichprobenumfang die Genauigkeit der Ergebnisse (von der Heyde 2014, S. 33).

## 1.4 Datenerhebung

**Fallbeispiel Limonatik**

Limonatik hat mit einer kleineren Stichprobe an Probanden Verkostungen der Limonaden mit Orange-Kokos- und Zitrone-Kokos-Geschmack durchgeführt, um zu entscheiden, mit welcher Geschmacksrichtung das Unternehmen auf den Markt gehen soll. Die qualitativen Befragungen im Anschluss an die Verkostungen haben ergeben, dass die Produktneuentwicklung Orange-Kokos sein soll. Nun möchte Marta Formula abschätzen, mit welchen Mengen Limonatik in den Markt gehen soll. Außerdem sollen die Trinkvorlieben, aber auch Mediennutzung, soziodemografische Merkmale etc. von verschiedenen Konsumententypen mit einem umfangreichen Fragebogen abgefragt werden. Marta Formula hat sich für eine Primärdatenerhebung entschieden, denn so kann sie die Untersuchung gezielt auf die Anforderungen von Limonatik zuschneiden.

**Bei der Datenerhebung sind folgende Fragen zu klären:**
- *Kann das Unternehmen die Durchführung der Befragung selbst durchführen oder soll ein Dienstleister beauftragt werden?*
- *Reicht es aus, die Studie einmal durchzuführen oder sollte man die Probanden im Zeitverlauf mehrmals befragen?*
- *Soll die Befragung mündlich, telefonisch, schriftlich oder online durchgeführt werden?*

### 1.4.1 Eigene Durchführung vs. externer Auftragnehmer

Verfügt ein Unternehmen über eine eigene Abteilung für Marketing-Forschung, sprechen einige Argumente dafür, ein Marktforschungs-Projekt intern zu vergeben (Esch et al. 2017, S. 99; Magerhans 2016, S. 59; Lehmann et al. 1998, S. 102 f.). Ein Vorteil der **Eigenforschung** besteht darin, dass die Projektverantwortlichen mit Problemen und Kundenwünschen im Unternehmen sehr gut vertraut sind und eine hervorragende Branchenkenntnis haben. Da keine Weitergabe von Informationen an Dritte stattfindet, können Datenschutzbedenken ausgeschlossen werden. Internes Wissen kann aufgebaut und der Abfluss von Wissen nach außen verhindert werden. Schließlich behält das Unternehmen die Kontrolle über die Durchführung einer Studie. Demgegenüber sprechen verschiedene Gründe für die Vergabe an externe Institute (= **Fremdforschung**). Marktforschungsinstitute verfügen über ein größeres Repertoire an anspruchsvollen Erhebungsinstrumenten (z. B. apparative Beobachtung). Die Methodenkenntnis der Projektverantwortlichen ist hoch und das bei ähnlichen Studien gesammelte Erfahrungswissen kann an den Kunden weitergegeben werden. Für die Fremdforschung spricht weiterhin die größere Objektivität (keine Betriebsblindheit) und die Glaubwürdigkeit der Ergebnisse bei externen (z. B. Argument für die Listung im Handel) und internen Interessensgruppen (z. B. Gründe für Rationalisierung). Beauftragt ein Unternehmen ein externes Institut, so ist eine enge Kommunikation zwischen Auftraggeber und Auftragnehmer erforderlich, da der verantwortliche Projektleiter sich in der Regel zunächst mit dem Untersuchungszweck und der Ausgangssituation des Unternehmens vertraut machen muss. Als Arbeitsgrundlage wird in der Regel ein Briefing erstellt, in dem die Rahmenbedingungen, Ziele und Entscheidungsprobleme der Studie definiert werden. Marta Formula müsste im Falle einer Vergabe des Auftrages an einen externen Dienstleister die in Tab. 9 zusammengefassten Eckpunkte der Studie mit dem Auftragnehmer abstimmen.

| Inhalt | Beschreibung |
|---|---|
| **Ausgangssituation** | z. B. Beschreibung des Sortiments, Marktsituation, Umsatz, Konkurrenzprodukte |
| **Zieldefinition** | – Welcher Informationsbedarf besteht im Unternehmen?<br>– Welche Entscheidungsprobleme sind zu lösen? |
| **Rahmenbedingungen** | – Untersuchungsdesign<br>– Angaben zur Zielgruppe (z. B. Adressen, Quoten)<br>– Anvisierte Stichprobengröße<br>– Erhebungsmethode (z. B. Befragung, Beobachtung, Experiment)<br>– Erhebungszeitraum<br>– Erwartete Berichtsform<br>– Ansprechpartner auf Seiten des Auftraggebers und des Auftragnehmers |
| **Zeitplan** | – Wann sollen die Untersuchungsergebnisse vorliegen?<br>– Wann sollen einzelne Meilensteine der Untersuchung erreicht sein? |

**Tab. 9:** Inhalt eines Marktforschungs-Briefings

Welches Vorgehen, Eigenforschung oder Fremdforschung, tatsächlich wirtschaftlicher ist, lässt sich nicht pauschal beantworten. Häufig greifen Unternehmens- und Institutsmarktforschung auch ineinander. Gerade bei größer angelegten quantitativen Studien bringt sich der Auftraggeber intensiv in die Konzeption der Untersuchung ein, während der Fokus des Institutes auf der Planung und Umsetzung von Datenerhebung und Datenauswertung liegt.

### 1.4.2 Frequenz der Durchführung

Nach der Frequenz der Durchführung können empirische Untersuchungen in Querschnittstudien und Längsschnittstudien unterteilt werden. Bei einer **Querschnittstudie** werden Daten einmalig an einer Stichprobe erhoben. Das Ergebnis spiegelt damit eine Momentaufnahme wider. Für Limonatik wäre es nach der Einführung des neuen Drinks am Markt aber bspw. interessant zu erfahren, wie sich die Bekanntheits- und Imagewerte in bestimmten Zeitintervallen (z. B. vierteljährlich) entwickeln. Zu diesem Zweck kommen Längsschnittstudien zum Einsatz. Bei einer **Längsschnittstudie** wird dieselbe Untersuchung zu verschiedenen Zeitpunkten wiederholt durchgeführt. Man unterscheidet Trendstudien und Panelstudien. Bei einer **Trendstudie** werden mehrere Querschnittstudien an strukturell vergleichbaren Stichproben in gewissen zeitlichen Abständen wiederholt durchgeführt. So lassen sich gesellschaftliche Veränderungen und Trends im Konsumentenverhalten erfassen (Döring/Bortz 2016, S. 211). Von echten Längsschnittstudien spricht man aber erst dann, wenn dieselben Testpersonen mehrmals befragt werden und intrapersonale Veränderungen (d. h. Veränderungen innerhalb einer Person im Zeitverlauf) bestimmt werden können. Bei **Panelerhebungen** wird deshalb ein gezielt ausgewählter, annähernd gleichbleibender Kreis von Personen in regelmäßigen Zeitabständen mit derselben Methode zu einer identischen Thematik befragt oder beobachtet. Da Panelerhebungen relativ aufwendig sind, werden sie vorwiegend von externen Marktforschungsinstituten durchgeführt. Je nach untersuchtem Objekt lassen sich das Handels-Panel (Teilnehmer sind Absatzmittler aus Groß- und Einzelhandel), das Verbraucher-Panel und das Spezial-Panel (z. B. Fernsehpanel zur Ermittlung von Einschaltquoten) unterscheiden (Kuß et al. 2014, S. 161 f.; Kaya 2009, S. 61).

### 1.4.3 Formen der Datenerhebung

Die am häufigsten angewendete Methode der Datenerhebung ist die **Befragung**. Diese Form der Datenerhebung betrachten wir daher im Folgenden ausführlicher. Befragungen werden sowohl in der qualitativen als auch in der quantitativen Marketing-Forschung eingesetzt. Bei qualitativen Untersuchungen kann eine Befragung mehr oder weniger strukturiert ablaufen und mit Einzelpersonen oder in Personengruppen durchgeführt werden. Ein freies oder auch sog. **exploratives Einzelinterview** zu tiefenpsychologischen Fragestellungen (z. B. Kundenbedürfnisse) entspricht bspw. eher einem formlosen Gespräch, bei dem sich der Interviewer nur an gewissen Themengebieten orientiert und den Gesprächsverlauf flexibel an den Gesprächspartner anpassen kann. Qualitativ ausgerichtet ist auch die Befragung in Gruppen, welche ein geschulter Moderator anhand einer zumeist nur gering strukturierten Anleitung führt (= **Gruppendiskussion**). Soll eine Befragung allerdings quantitative bzw. repräsentative Aussagen machen, ist ein gewisser Grad an Standardisierung in Form eines **Fragebogens** unvermeidbar.

Es lassen sich verschiedene Erhebungsformen bei Befragungen unterscheiden, die jeweils mit Vor- und Nachteilen verbunden sind (Homburg 2017, S. 265 f.; Meffert et al. 2015, S. 150; Berekoven et al. 2009, S. 87 ff.):

- **Mündliche Befragungen**: Bei dieser Befragungsform stellt ein Interviewer einem Probanden in einer Face-to-Face-Situation Fragen und dokumentiert die Antworten. Ein Vorteil dieser Befragungsform liegt darin, dass der Interviewte nachfragen kann, wenn ihm etwas unklar ist. Die Befragungssituation ist durch den Interviewer relativ gut kontrollierbar, da er den Interviewten während der Befragungssituation beobachten und gegebenenfalls Auffälligkeiten notieren kann. Es ist zudem möglich, bestimmte Objekte (z. B. Produktmuster, Bilder, Werbeanzeigen etc.) als Stimulus zu zeigen. Ein Nachteil dieser Methode besteht darin, dass eine mündliche Befragung relativ kosten- und zeitintensiv ist. Zudem besteht die Gefahr eines Interviewereffekts, d. h. durch die soziale Interaktion können sich das Verhalten bzw. Eigenschaften des Interviewers (z. B. Persönlichkeitsmerkmale, äußerliche Merkmale) auf das Antwortverhalten des Befragten auswirken.

- **Telefonische Befragungen**: Die telefonische Befragung kann als Sonderform der mündlichen Befragung betrachtet werden. Der Einfluss des Interviewers ist tendenziell weniger groß als bei einer mündlichen Befragung. Für den Interviewten besteht auch hier die Möglichkeit, Nachfragen zu stellen. Allerdings ist die Auskunftsbereitschaft am Telefon häufig geringer. Außerdem eignet sich eine telefonische Befragung nicht für alle Themen, da der Forscher die Komplexität der Fragen und die Anzahl der Antwortmöglichkeiten beschränken muss.
- **Schriftliche Befragungen**: Bei der schriftlichen Befragung erhält die Versuchsperson einen Fragebogen, der meist postalisch zugestellt wird. Die schriftliche Befragung kann flächendeckend und in großem Umfang durchgeführt werden. Die Gefahr eines Interviewereffekts besteht nicht und den Befragten kann Anonymität gewährleistet werden, was zu einer größeren Offenheit bei den Antworten führt. Da die Probanden sich die Fragen mehrmals durchlesen können, sind komplexere Fragen problemlos integrierbar. An dieser Variante ist von Nachteil, dass nur Probanden erreicht werden, deren Adresse bekannt ist und dass die Rücklaufquote häufig gering ausfällt. Der Proband kann auch nicht zurückfragen, wenn ihm während der Befragung bestimmte Dinge unklar sind.
- **Online-Befragungen:** Bei einer Online-Befragung bekommen die Probanden einen Link zu einem Online-Fragebogen zugesandt. Zunehmend werden auch Befragungen über Smartphones und Tablet-PCs durchgeführt (= Mobile Research, vgl. z. B. Theobald 2018). Die Online-Befragung ist eine Sonderform der schriftlichen Befragung. Sie ist im Gegensatz zur klassischen schriftlichen Befragung vergleichsweise kostengünstig und geeignet, um relativ schnell große Stichproben zu erreichen. Ein weiterer Vorteil besteht darin, dass auch Ton- und Videomaterial sowie verschiedene, aktivierende Skalierungstechniken (z. B. Sortieraufgaben oder Schieberegler) in die Befragung aufgenommen werden können. Nicht zu unterschätzen ist, dass die Daten automatisch erfasst werden und damit nach der Befragung direkt vorliegen. Durch die mediale Vermittlung besteht keine Gefahr, dass ein Interviewereffekt entsteht. Allerdings lässt sich die Befragungssituation schwer

kontrollieren. Es ist zum Beispiel nicht klar, welche zusätzlichen Tätigkeiten der Proband ausführt, während er den Fragebogen ausfüllt und ob er sich überhaupt voll darauf konzentriert. Die Rücklaufquote ist häufig gering.

Anwendern stehen auf dem Markt eine Reihe von Online-Erhebungstools zur Verfügung, die z. T. als Open Source-Lösung und damit kostenfrei zur Programmierung von Online-Umfragen genutzt werden können. Einen Überblick zu derzeit am Markt befindlichen und häufig eingesetzten Online-Erhebungstools gibt Tab. 10.

| Zweck | Name der Software | Link zur Website des Anbieters |
|---|---|---|
| **Erheben von Daten** | Survey Monkey | www.surveymonkey.de |
| | Lime Survey | www.limesurvey.de |
| | Unipark | www.unipark.de |
| | SoSci Survey | www.soscisurvey.de |
| **Gewinnen von Probanden** | MTurk | www.mturk.com |
| | Qualtrics | www.qualtrics.com |
| | Respondi | www.respondi.com |
| | Research Now | www.researchnow.com |

**Tab. 10:** Auswahl an Online-Erhebungstools

Tab. 11 vergleicht zusammenfassend die grundlegenden Verfahren der Befragung anhand ausgewählter Kriterien.

| | Persönlich | Telefonisch | Schriftlich | Online |
|---|---|---|---|---|
| **Rücklaufquote** | ✓ | ✓ | × | × |
| **Kontrolle (z. B. Einfluss Dritter)** | ✓ | ✓ | × | × |
| **Geringer Interviewer-Einfluss** | × | × | ✓ | ✓ |
| **Wahrgenommene Anonymität** | × | × | ✓ | ✓ |
| **Geringe Kosten bei der Erhebung** | × | × | ✓ | ✓ |

Legende: ✓ Stärke, × Schwäche

**Tab. 11:** Vor- und Nachteile verschiedener Befragungsformen

Da die Verfahren jeweils mit spezifischen Vor- und Nachteilen verbunden sind, entscheiden letztlich ökonomische Zielgrößen (z. B. Zeit, Budget) und die Fragestellung (z. B. persönliche Erhebung bei qualitativer Marketing-Forschung, schriftliche Erhebung hingegen bei quantitativer Fragestellung) darüber, welches Medium geeignet ist. Kompromisslösungen sind oft unvermeidbar.

## 1.5 Statistische Analyse

**Fallbeispiel Limonatik**
Limonatik hatte sich dazu entschieden, eine repräsentative Befragung durchzuführen. Deshalb wurde ein Marktforschungsunternehmen für die Datenerhebung beauftragt, das insgesamt ca. 500 Konsumenten befragte. Die Datenanalyse möchte Marta Formula nun selbst durchführen. Der Datensatz liegt ihr in Form einer SPSS-Datei vor.

**Bei der Datenanalyse sind folgende Fragen zu klären:**

- *Wie lassen sich die in der Stichprobe enthaltenen Informationen zusammenfassen?*
- *Wie kann ich die zuvor aufgestellten Hypothesen überprüfen?*
- *Welches Analyseverfahren muss ich verwenden und welche Software kann ich unterstützend einsetzen?*
- *Sind meine Variablen normalverteilt und kann ich ein parametrisches Verfahren einsetzen?*

### 1.5.1 Skalenniveau

Für die Datenauswertung bei quantitativen Studien kommen in der Marketing-Forschung statistische Analyseverfahren zum Einsatz. Welche Auswertungsmethodik ein Forscher wählt, hängt von den Zielen der Untersuchung ab. Aber auch die Datenqualität bestimmt, welche Analyseverfahren überhaupt angewandt werden können. Eine grundlegende Frage ist dabei das Skalierungsniveau der Daten. Durch die Messung von Konstrukten im Rahmen der Datenerhebung werden Objekten, Eigenschaften etc. Zahlen auf einer Skala zugeordnet, wobei man je nach Zuordnungsart zwischen nominalen, ordinalen, intervallskalierten und Verhältnisskalenniveaus unterscheidet (vgl. Tab. 12).

| | Beschreibung | Mögliche formale Aussagen | Beispiele | Sonderformen |
|---|---|---|---|---|
| **Nominal** | Objekte können in Klassen geordnet, aber nicht in eine Reihenfolge gebracht werden. | $a = b$, $a \neq b$ | Geschlecht, Studiengang | Dichotom[1] |
| **Ordinal** | Objekte können in eine Reihenfolge gebracht werden, die Abstände sind jedoch nicht quantifizierbar. | $a = b$, $a < b$, $a > b$ | Präferenzrangfolgen, Musikcharts | Quasimetrisch[2] |
| **Intervall** | Natürliche Reihenfolge der Objekte mit quantifizierbaren Abständen | $(a - b) = (b - c)$ | Intelligenzquotient, Temperatur (in Celsius) | Metrisch[3] |
| **Verhältnis** | Natürliche Reihenfolge der Objekte mit quantifizierbaren Abständen und natürlichem Nullpunkt | $(a : b) = (b : c)$ | Einkommen, Absatzzahlen, Preis in Euro | |

Anmerkungen:
[1] Nominale Variablen mit nur zwei Ausprägungen werden als dichotom bezeichnet.
[2] Als quasi-metrisch werden Ratingskalen bezeichnet, wenn Befragte die Abstände zwischen den einzelnen Merkmalsausprägungen als gleich groß einschätzen.
[3] Das metrische Skalenniveau umfasst das Intervall- und Verhältnisskalenniveau.

**Tab. 12:** Skalenniveaus

Bei dem niedrigsten, d.h. dem **nominalen,** Skalenniveau erhalten gleichgeartete Objekte denselben Wert (z.B. alle Männer → 1, alle Frauen → 2). Bei einer **Ordinalskala** (oder Rangskala) können die Werte zudem in eine Rangreihe gebracht werden (z.B. Reihenfolge des Zieleinlaufs bei einem Marathon); die Abstände zwischen den einzelnen Skalenwerten sind aber nicht quantifizierbar (der Zweite beim Marathonlauf war nicht doppelt so schnell wie der Vierte). Bei einem **Intervallskalenniveau** sind auch die Abstände zwischen den Messwerten aussagekräftig. Ein Beispiel ist die Temperatur gemessen in Grad Celsius. Der Abstand zwischen –5 Grad und +5 Grad ist genauso groß wie der Abstand zwischen +15 Grad und +25 Grad. Bei einem **Verhältnisskalenniveau** existiert zudem noch ein natürlicher Nullpunkt (z.B. entspricht bei Geschwindigkeitsangaben 0 km/h dem Stillstand). Generell gilt, dass umso mehr statistische Verfahren angewandt werden können, je höher das Skalenniveau ist. Eine

Transformation auf ein niedrigeres Skalenniveau ist immer möglich. Damit geht aber auch ein Informationsverlust einher. Ein Beispiel wäre die Umwandlung der Variablen „Alter“ (in Jahren, Verhältnisskalenniveau) in eine nominale Variable mit zwei Altersgruppen: „Jüngere Konsumenten“ = 1, „Ältere Konsumenten“ = 2.

Für statistische Auswertungen in der Marketing-Forschung gilt es noch, einige Besonderheiten zu beachten. Das Intervall- und das Verhältnisskalenniveau werden häufig zu einem **metrischen** Skalenniveau zusammengefasst. Viele Analyseverfahren (z. B. lineare Regressionsanalyse, vgl. Kap. 4) setzen ein metrisches Skalenniveau voraus. Häufig werden auch Skalen, die strenggenommen ordinal skaliert sind, als metrisch interpretiert. Wird bspw. die Zufriedenheit mit dem Kundenservice siebenstufig von „sehr unzufrieden“ (-3) über „unzufrieden“ (-2), „eher unzufrieden“ (-1), „teils/teils“ (0), „eher zufrieden“ (1), „zufrieden“ (2) bis zu „sehr zufrieden“ (3) abgefragt, so ist die übliche Praxis, dies als metrisches Skalenniveau zu interpretieren, obwohl nicht sichergestellt ist, dass die Befragten die Abstände zwischen den einzelnen Skalenpunkten als gleich interpretieren. Dieses Skalenniveau sollte als **„quasi-metrisch“** bezeichnet und mit Vorsicht verwendet werden. Äußerst relevant für die Marketing-Forschungspraxis sind zudem **dichotome** Variablen. Dabei handelt es sich um ein nominales Skalenniveau mit nur zwei Ausprägungen (z. B. Kunde des Unternehmens = 1, Nicht-Kunde = 0). Dichotome Variablen weisen alle Eigenschaften von metrischen Skalen auf. Es kann eine Reihenfolge festgelegt werden und die Abstände zwischen zwei Skalenpunkten sind immer gleich groß, da es ja insgesamt nur zwei Skalenpunkte gibt. Aus diesem Grund können dichotome Variablen unter bestimmten Voraussetzungen auch bei Verfahren genutzt werden, die ein metrisches Skalenniveau voraussetzen (vgl. Dummy-Kodierung, Kap. 4.3.4).

### 1.5.2 Deskriptive Statistik

**Deskriptive Statistiken** dienen dazu, erhobene Daten zusammenzufassen und näher zu beschreiben. Ein Beispiel für die Relevanz deskriptiver Statistiken ist die Auswertung der Angaben zu Alter und Geschlecht einer Stichprobe. Beides sind demografische Merkmale, die in nahezu jedem Fragebogen erhoben werden. Die deskriptive Statistik liefert Kennwerte, mit denen ein Überblick zur Verteilung von Männern und Frauen und der Altersstruktur einer Stichprobe gegeben werden kann.

Zur Beschreibung einer Stichprobe kommen **Lagemaße** (z. B. „Was ist das Durchschnittsalter der Stichprobe?“) und **Streuungsmaße** (z. B. „Wie stark streut das Alter in der Stichprobe um das Durchschnittsalter?") zum Einsatz. Die am häufigsten eingesetzten Lagemaße sind das arithmetische Mittel, der Median und der Modalwert. Das **arithmetische Mittel** (das umgangssprachlich auch häufig als Mittelwert bezeichnet wird) setzt intervallskalierte Variablen voraus. Es lässt sich einfach berechnen, indem alle Werte summiert und anschließend durch die Anzahl der Probanden dividiert werden (vgl. Bsp. 3). Liegen ordinalskalierte Daten vor, ist der **Median** das anwendbare Lagemaß. Der Median definiert denjenigen Wert, vor dem und nach dem jeweils 50 % der ihrer Größe nach geordneten Beobachtungswerte liegen. Er teilt eine Stichprobe damit in zwei gleich große Gruppen. Der **Modalwert** (auch Modus) ist schließlich derjenige Messwert, der in einer Stichprobe am häufigsten auftritt. Er wird zur Beschreibung nominalskalierter Daten angewandt.

**Beispiel 3: Berechnung von Lagemaßen**

**Berechnung des arithmetischen Mittels**

Zehn Probanden nehmen an einer Verkostung des neuen Mixgetränkes teil und beurteilen im Anschluss den Geschmack auf einer fünfstufigen Skala (1 = schmeckt mir gar nicht gut, ..., 5 = schmeckt mir sehr gut). Die Probanden geben folgende Antworten: *5, 5, 3, 5, 5, 5, 4, 2, 3, 4.*
Damit ergibt sich folgendes arithmetisches Mittel
$\bar{x} = (5+5+3+5+5+5+4+2+3+4)/10 = 41/10 = 4{,}1.$

**Berechnung des Medians**

Die zehn Probanden verkosten nacheinander fünf Mixgetränke und werden danach gebeten, die Getränke in eine Rangfolge zu bringen (1 = am stärksten präferiertes Getränk bis 5 = am wenigsten stark präferiertes Getränk). Dem ersten verkosteten Mixgetränk wurden dabei die folgenden Ränge zugewiesen: *2, 1, 2, 2, 1, 3, 1, 2, 2, 1.*
Um den Median zu berechnen, werden die Werte zunächst der Größe nach sortiert: *1, 1, 1, 1,* ***2, 2,*** *2, 2, 2, 3.*
Bei einer ungeraden Anzahl von Werten würden wir den mittleren Wert als Median auswählen. Da wir eine gerade Anzahl von Werten haben, betrachten wir die beiden mittleren Beobachtungswerte (2 und 2). Der Median wird bestimmt, indem man das arithmetische Mittel dieser beiden Werte berechnet: (2+2)/2 = 2.

**Berechnung des Modalwertes**

Die Stichprobe besteht aus 6 Frauen (1) und 4 Männern (2). Die Variable Geschlecht verteilt sich damit folgendermaßen: ***1, 1, 1, 1, 1, 1,*** *2, 2, 2, 2.*
Der Wert 1 tritt am häufigsten auf. Der Modalwert ist 1.

Wenn ein metrisches Skalenniveau vorliegt, kann das arithmetische Mittel berechnet werden. Es ist dann aber auch möglich, den Median und den Modalwert, die nur ein ordinales bzw. nominales Skalenniveau fordern, zu berechnen. Bei unserem Eingangsbeispiel oben beträgt der Median 4,5 und der Modalwert 5.

Maße für die Charakterisierung der Streuung bzw. Variabilität einer Stichprobe sind die Spannweite, die Varianz und die Standardabweichung. Die **Spannweite** gibt den Bereich vom kleinsten bis zum größten Wert eines Merkmals an. In unserem Beispiel zur Geschmacksbeurteilung war der geringste Wert eines Probanden 2 und der höchste 5 (vgl. Bsp. 3). Die Spannweite beträgt damit 3.

Weitere Streuungsmaße für das metrische Skalenniveau sind die Varianz und die Standardabweichung, für deren Berechnung intervallskalierte Daten vorliegen müssen. Die **Varianz** ($s^2$) misst die mittlere quadratische Abweichung aller Einzelwerte eines Merkmals ($x_i$) vom arithmetischen Mittel ($\overline{x}$). Sie wird anhand der folgenden Formel bestimmt, bei der i der Laufindex der Fälle (z. B. Probanden) und n die Gesamtzahl aller Fälle (= Stichprobengröße) darstellt. Wenn wir die Geschmacksbeurteilung der zehn Probanden aus Bsp. 3 nutzen, so ergibt sich eine Varianz von $s^2 = 1{,}21$.

$$s^2 = \frac{1}{n-1}\sum_{i=1}^{n}\left(x_i - \overline{x}\right)^2$$

Die **Standardabweichung** (s) lässt sich einfach aus der Varianz berechnen, indem die Wurzel gezogen wird:

$$s = \sqrt{\frac{\sum_{i=1}^{n}\left(x_i - \overline{x}\right)^2}{n-1}}$$

In unserem Beispiel beträgt die Standardabweichung s = 1,10. Im Gegensatz zur Varianz wird die Standardabweichung in der Einheit der Variablen gemessen. Die Standardabweichung kann damit u. a. dazu genutzt werden, Daten zu **standardisieren**. Darunter versteht man eine Transformation der Daten (vgl. Bsp. 4), die zu dem Ergebnis führt, dass die standardisierten Daten ein arithmetisches Mittel von 0 und eine Standardabweichung von 1 aufweisen. Dadurch sind auch die Werte von Variablen, die auf unterschiedlichen Skalierungen gemessen wurden (z. B. Alter von 0 bis 100, Einkommen von 0 bis 10.000, Kundenzufriedenheit von 1 bis 7) miteinander vergleichbar. Standardisierte Werte können für verschiedene in diesem Buch vorgestellte Verfahren benötigt werden (z. B. Regressionsanalyse, vgl. Kap. 4.3.2; Clusteranalyse, vgl. Kap. 5.3.1).

**Beispiel 4: Standardisierung von Variablen**
Streuen Variablen unterschiedlich stark, lassen sie sich folgendermaßen standardisieren (z-Transformation):

$$z_{kj} = \frac{x_{kj} - \overline{x}_j}{s_j}$$

$z_{kj}$ Ausprägung des standardisierten Merkmals j bei Objekt k
$x_{kj}$ Ausprägung von Merkmal j bei Objekt k
$\overline{x}_j$ Arithmetisches Mittel von Merkmal j
$s_j$ Standardabweichung von Merkmal j

Der standardisierte Wert der Geschmacksbeurteilung des ersten Probanden in Bsp. 3 beträgt damit $z_{kj} = (5 - 4{,}1)/1{,}10 = 0{,}82$.

Unabhängig von den Lage- und Streuungsparametern interessieren sich insb. Praktiker zunächst oft dafür, wie häufig ein Wert in einer Stichprobe überhaupt vorkommt. Zu diesem Zweck lassen sich absolute und relative Häufigkeiten berechnen und abbilden. Als Beispiel sei wieder die Verteilung von Männern und Frauen in der Stichprobe angeführt. Die **absolute Häufigkeit** gibt an, aus wie vielen Männern und wie vielen Frauen die Stichprobe insgesamt besteht. Die **relative Häufigkeit** ist hingegen der prozentuale Anteil, den Männer und Frauen in der Stichprobe einnehmen (vgl. Tab. 13). Häufigkeiten lassen sich bereits bei nominalem Skalenniveau angeben.

| | Absolute Häufigkeit | Relative Häufigkeit |
|---|---|---|
| **Männer** | 4 | 40% |
| **Frauen** | 6 | 60% |
| **Gesamt** | 10 | 100% |

**Tab. 13:** Absolute und relative Häufigkeiten

### 1.5.3 Inferenzstatistik und Überprüfen von Hypothesen

Inferenzstatistische (auch schließende oder induktive) Verfahren schließen von der vorliegenden Stichprobe auf die sog. **Grundgesamtheit**, d. h. auf die Population, für welche die zu treffenden Aussagen gelten sollen. Signifikanztests prüfen, ob der Schluss auf die Grundgesamtheit gültig ist, d. h. ob sich ein gefundener Zusammenhang nur zufällig in einer Stichprobe ergibt oder ob er (mit einer hohen Wahrscheinlichkeit) ebenso in der Grundgesamtheit auftritt.

In praxisnahen Marktforschungsstudien soll häufig geklärt werden, ob die in einer Untersuchung ermittelten Unterschiede zwischen Probanden (z. B. männliche und weibliche Befragte) für die gesamte Zielgruppe (alle männlichen und weiblichen Konsumenten) gelten. In der akademischen Marketing-Forschung geht es zudem häufig darum, Modelle und Theorien zu testen, die verallgemeinerbar, d. h. für eine größere Grundgesamtheit gültig sein sollten. Inferenzstatistische Verfahren sind deshalb von besonderer Relevanz.

Empirische Studien dienen dazu, aufgestellte Vermutungen an der Realität zu prüfen. Auf Karl Popper (1934), den Begründer des Kritischen Rationalismus, geht die Annahme zurück, dass man **Hypothesen** (= Annahmen über die Realität) nicht endgültig bestätigen und als wahr annehmen darf (Bröder 2011, S. 24 ff.; Chalmers 2007). Vielmehr können Erkenntnisse nur in einem fortwährenden Prozess des Aufstellens, Überprüfens und Verbesserns von Hypothesen gewonnen werden. Kann die Annahme einer Hypothese in der Realität (d. h. im Rahmen einer empirischen Untersuchung) nicht bestätigt werden, dann gilt die Hypothese als **falsifiziert** (d. h. widerlegt). Hält die Hypothese einer empirischen Überprüfung stand, gilt sie als nicht falsifiziert. Sie ist damit aber nur vorläufig nicht widerlegt, denn ihr Wahrheitsgehalt kann nicht endgültig belegt werden. Jede Aussage könnte sich bei weiteren Studien als falsch herausstellen. Demzufolge gibt es keine endgültigen Erkenntnisse oder endgültig wahren Aussagen (= keine Verifikation). Ein bekanntes Beispiel soll helfen, diese Auffassung zu verdeutlichen (vgl. Bsp. 5).

**Beispiel 5: Falsifikation**

Die zu prüfende Hypothese lautet „Alle Schafe sind weiß.“. Um die Hypothese zu prüfen, zieht ein Forscher im Rahmen einer empirischen Studie eine Stichprobe von 100 Schafen und stellt fest, dass diese tatsächlich alle weiß sind. Ist die Vermutung, dass alle Schafe weiß sind, damit bestätigt? Nein, sie ist lediglich nicht widerlegt. Auch wenn 1.000 Schafe oder mehr ein weißes Fell besitzen, kann man nicht induktiv (d. h. durch die Verallgemeinerung von Beobachtungen) den Schluss ziehen, dass die Hypothese allgemein und jederzeit gilt. Denn irgendwo könnte tatsächlich ein schwarzes Schaf existieren. Findet der Forscher dieses zufällig, kann er die Hypothese ablehnen, d. h. falsifizieren.

In der Marketing-Forschung ist es in der Regel aus forschungsökonomischen Gründen nicht möglich, unendlich viele empirische Studien durchzuführen bis vielleicht das „schwarze Schaf“ gefunden wird. Allerdings muss auch beachtet werden, dass Aussagen in der Marketing-Forschung in der Regel nicht deterministisch („Alle Schafe sind weiß.“), sondern statistisch sind („Je häufiger der Werbespot ausgestrahlt wird, desto mehr Konsumenten kaufen das beworbene Produkt.").

Vor dem Hintergrund des Kritischen Rationalismus werden immer zwei sich gegenseitig ausschließende Hypothesen aufgestellt: die Null- und die **Alternativhypothese**. Negiert man die Aussage der Alternativhypothese (auch Gegenhypothese, substanzielle Hypothese, Arbeitshypothese, H1), von deren Zutreffen man überzeugt ist, ergibt sich die **Nullhypothese** (H0; vgl. Bsp. 6). Diese wird folglich derart formuliert, dass sie der eigentlichen Vermutung widerspricht, und es ist für den Forscher „wünschenswert", sie abzulehnen. Nur über die Nullhypothese lässt sich angesichts des Ergebnisses einer empirischen Studie eine Aussage treffen.

**Beispiel 6: Alternativ- und Nullhypothese**

**Alternativhypothese**

H1: Es besteht ein Zusammenhang zwischen der Häufigkeit der Ausstrahlung eines TV-Spots für das neue Mixgetränk und den Absatzzahlen.

**Nullhypothese**

H0: Es besteht **kein** Zusammenhang zwischen der Häufigkeit der Ausstrahlung eines TV-Spots für das neue Mixgetränk und den Absatzzahlen.

Die Nullhypothese wird im Rahmen der Datenanalyse mit Hilfe statistischer Tests überprüft. Dabei wird nach dem Signifikanztest von Fisher eine Irrtumswahrscheinlichkeit (p) berechnet, die angibt, mit welcher Wahrscheinlichkeit man die Nullhypothese ablehnt, obwohl sie richtig ist. Um eine Entscheidung über die Beibehaltung oder Verwerfung einer Hypothese treffen zu können, muss der Forscher einen Grenzwert für die Irrtumswahrscheinlichkeit, das **Signifikanzniveau** ($\alpha$), festlegen. Es gibt das maximal akzeptable Risiko an, eine richtige Nullhypothese abzulehnen. In Forschung und Praxis ist ein Signifikanzniveau von 5 % üblich. Dieses ist eine Konvention, die nur begrenzt sinnvoll ist, da mit steigendem Stichprobenumfang die Irrtumswahrscheinlichkeit sinkt und somit mit sehr großen Stichproben auch kleine und damit praktisch irrelevante Effekte angenommen werden. Bei $p \leq ,050$ (d. h. 5 %) spricht man von einem signifikanten Befund, bei $p \leq ,010$ (1 %) von einem hochsignifikanten Ergebnis. Gelegentlich wird auch ein Befund mit einer Irrtumswahrscheinlichkeit von $p \leq ,100$ (10 %) als marginal signifikant bezeichnet.

Die Entscheidung, eine richtige Nullhypothese abzulehnen, bezeichnet man als **Fehler erster Art** (vgl. Tab. 14). Demgegenüber steht der Fehler, eine Nullhypothese nicht abzulehnen, obwohl sie falsch ist (= **Fehler zweiter Art**; Döring/Bortz 2016, S. 670; Hair et al. 2014, S. 9). Dieser kann mit dem klassischen Signifikanztest von Fisher nicht bestimmt werden, mit der Neyman-Pearson-Methode ist es dagegen möglich (Sedlmeier/Renkewitz 2013, S. 357 ff.; Bröder 2011, S. 102 ff.). Dabei ist das Konzept der Teststärke wichtig. Die Wahrscheinlichkeit des Fehlers zweiter Art wird mit β beziffert.

| Entscheidung des Tests | (Unbekannter) Zustand in der Population | |
|---|---|---|
| | Nullhypothese ist wahr | Nullhypothese ist falsch |
| **Nullhypothese abgelehnt** | **Fehler 1. Art** (α-Fehler) | **Richtige Entscheidung** (Teststärke 1-β) |
| **Nullhypothese nicht abgelehnt** | **Richtige Entscheidung** (1-α) | **Fehler 2. Art** (β-Fehler) |

**Tab. 14:** Fehler erster und zweiter Art

Die **Teststärke** (Power, 1-β) beschreibt die Wahrscheinlichkeit, dass das Stichprobenergebnis bei Gültigkeit der Alternativhypothese (H1 ist wahr) in den Annahmebereich der H1 fällt, d.h. dass die Nullhypothese abgelehnt wird bzw. dass der Befund als statistisch signifikant bezeichnet wird (Cohen 1988). Die Teststärke ist von der Stichprobengröße (je größer, desto höher), der Effektgröße (je größer, desto höher; vgl. z.B. Kap. 2.4.2) und dem Signifikanzniveau α (je größer, desto höher) abhängig. Bei einer gegebenen Effektgröße und bei konstantem Stichprobenumfang steigt β, wenn α sinkt. Dies bedeutet, nur durch eine Vergrößerung des Stichprobenumfangs kann man beide Fehler gleichzeitig minimieren. Da dies in der Praxis jedoch häufig nur beschränkt möglich ist, muss man entweder α oder β reduzieren, je nachdem welche Fehlentscheidung folgenschwerer ist. Es empfiehlt sich deshalb, die optimale Stichprobengröße vorab zu bestimmen (Cohen 1988, vgl. Bsp. 7). Die Software G*Power kann dabei unterstützen (Faul et al. 2007).

**Beispiel 7: Bestimmung des optimalen Stichprobenumfangs am Beispiel**
Wie sich der optimale Stichprobenumfang bestimmen lässt, wollen wir im Folgenden anhand eines Beispiels zeigen (Vergleich des Mittelwertes der Stichprobe mit einem vorgegebenen Wert, bspw. Wert der Grundgesamtheit). Grundsätzlich hängt der optimale Umfang von der erwarteten Effektgröße, der gewünschten Teststärke (1-β) und dem Signifikanzniveau (α) ab. Üblicherweise werden 1-β = ,800 und α = ,050 gesetzt. Schwieriger ist jedoch häufig, die Effektgröße zu bestimmen. Helfen können hier bereits durchgeführte Studien oder die von Cohen (1988) für verschiedene Tests bestimmten kleinen, mittleren oder großen Effektgrößen. In der Praxis werden oft als Effektgröße Werte eingesetzt, die als bedeutsam

eingestuft werden können (z. B. Welche Umsatzsteigerung ist notwendig, damit es sich lohnt, in eine bestimmte Marketingmaßnahme zu investieren?).

Nehmen wir an, Marta Formula möchte wissen, ob sich die Einstellung ihrer Zielgruppe zu Mixgetränken in den letzten fünf Jahren verändert hat. Aus einer alten Befragung weiß sie, dass die Einstellung zu Mixgetränken („Ich mag es, Mixgetränke zu trinken.", gemessen auf einer siebenstufigen Ratingskala) vor fünf Jahren einen Mittelwert von ,50 angenommen hat und eine Varianz von 1,00. Ihr ist bekannt, dass sich Einstellungen nicht so schnell ändern und entscheidet sich daher für einen schwachen Mittelwertunterschied von ,20 (Döring/Bortz 2016, S. 820).

Die Effektgröße (ε) wird in diesem Fall anhand folgender Formel berechnet, wobei $\bar{x}_1$ der Mittelwert ist, der sich im Rahmen der neuerlichen Befragung bei schwachem Effekt mindestens ergeben sollte (also schwache positive Veränderung der Einstellung zu Mixgetränken) und $\bar{x}_0$ der Mittelwert der Einstellung vor fünf Jahren.

$$\varepsilon = \frac{\sqrt{2} * (\bar{x}_1 - \bar{x}_0)}{s^2}$$

$$\varepsilon = \frac{\sqrt{2} * (,70 - ,50)}{1,00}$$

Marta Formula kann durch Einsetzen der entsprechenden Werte eine Effektgröße von ,28 ermitteln, welche sie nun in die folgende Formel zur Bestimmung des optimalen Stichprobenumfangs einsetzen kann (für die Herleitung der Formel sei auf Bortz/Schuster 2010 verwiesen).

$$n_{opt} = \frac{2 * \left(z_{(1-\alpha)} - z_\beta\right)^2}{\varepsilon^2}$$

Die Werte für z lassen sich aus einer Tabelle der Standardnormalverteilung entnehmen, wie sie in allen einschlägigen Statistikbüchern zu finden ist. Für die üblichen Parameter von α = ,050 und β = ,200 nehmen $z_{(1-\alpha)}$ = 1,65 und $z_\beta$ = -,84 an. Marta Formula erhält durch Einsetzen einen optimalen Stichprobenumfang von 155 Befragten.

Wie wir im nächsten Kapitel besprechen werden, kommen für die Hypothesenprüfung je nach Fragestellung und Datenlage verschiedene statistische Auswertungsmethoden zum Einsatz. Unabhängig davon, welches Verfahren ein Forscher wählt, müssen bei der Hypothesenprüfung die folgenden Schritte durchlaufen werden (vgl. Bsp. 8):

1. Hypothesen aufstellen (Alternativ- und Nullhypothese)
2. Stichprobe ziehen und Daten erheben

3. Bestimmung eines empirischen Testwertes mithilfe eines statistischen Analyseverfahrens
4. Bestimmung der Irrtumswahrscheinlichkeit
5. Interpretation

**Beispiel 8: Hypothesenprüfung am Beispiel des $\chi^2$-Tests**

Wir wollen den Prozess der Hypothesenprüfung nun am Beispiel einer einfachen Frage und mit Hilfe des $\chi^2$-(Chi-Quadrat)-Tests verdeutlichen (eine ausführliche Darstellung des $\chi^2$-Tests findet sich bspw. bei Backhaus et al. 2015, S. 367 ff.; Bortz/Schuster 2010, S. 137 ff.).

**1. Hypothesen aufstellen**

Nehmen wir an, dass Marta Formula die Rezeptur ihres neuen Mixgetränkes verbessern möchte. Konkret interessiert sie, ob sie das neue Mixgetränk aus Limonade und Kokosnusssaft zusätzlich süßen soll. Sie vermutet, dass Männer eine eher herbere Variante bevorzugen, während Frauen eine gesüßte Variante präferieren. Sie stellt folgende Alternativhypothese auf:

**H1:** Die Geschmackspräferenzen von Männern und Frauen unterscheiden sich.

Durch die Negation leitet sie die folgende Nullhypothese ab:

**H0:** Die Geschmackspräferenzen von Männern und Frauen unterscheiden sich nicht.

**2. Stichprobe ziehen und Daten erheben**

Im zweiten Schritt entwickelt Marta Formula eine süße und eine herbe Variante ihres neuen Mixgetränkes und lädt 50 Frauen und 50 Männer zu einer Verkostung ein. Die dabei beobachteten Präferenzen (süß oder herb) sind für Männer und Frauen in folgender Tabelle auf der linken Seite (Spalte „Beobachtete Häufigkeiten") getrennt eingetragen. Die „35" in der Zelle Männer/herb zeigt an, dass sich 35 der befragten 50 Männer für die herbe Variante ausgesprochen haben.

| | **Beobachtete Häufigkeiten (n)** | | | **Erwartete Häufigkeiten (e)** | |
|---|---|---|---|---|---|
| | Herb (n) | Süß (n) | Gesamt | Herb (e) | Süß (e) |
| Männer | 35 | 15 | 50 | 30 | 20 |
| Frauen | 25 | 25 | 50 | 30 | 20 |
| Gesamt | 60 | 40 | 100 | | |

**3. Bestimmung eines empirischen Testwertes mithilfe eines statistischen Analyseverfahrens**

Marta Formula nutzt zur statistischen Auswertung den $\chi^2$-Test. Dieser Test kann unter anderem dann angewandt werden, wenn der Zusammenhang zwischen zwei nominal skalierten Variablen (hier: Präferenz herb/süß, Geschlecht männlich/weiblich) geprüft werden soll.

Die zu berechnende Teststatistik ist der $\chi^2$-Wert. Er bestimmt sich nach der Formel:

$$\chi^2 = \sum_{i=1}^{I}\sum_{j=1}^{J}\frac{\left(n_{ij}-e_{ij}\right)^2}{e_{ij}}$$

Dabei gibt n die Häufigkeit der beobachteten Präferenzen und e die erwarteten Häufigkeiten an. Der Index i steht für das Geschlecht und j für die präferierte Geschmacksrichtung. Die erwarteten Präferenzen errechnen sich aus den Randsummen (in der Tabelle als „Gesamt" bezeichnet). So sind 50 von 100 Befragten männlich *($n_{männlich}/N = 50/100 = 0{,}5$ bzw. 50 %)* und 60 von 100 Befragten *($n_{herb}/N = 60/100 = 0{,}6$ bzw. 60 %)* präferieren die herbere Geschmacksrichtung. Es wäre also zu erwarten gewesen, dass 30 Männer *($e_{männlich,herb} = (n_{männlich} * n_{herb})/N = (50 * 60)/100 = 30$)* das herbe Getränk bevorzugen. Tatsächlich haben sich aber 35 Männer für diese Variante entschieden. Auch bei den Frauen kann man Abweichungen der beobachteten Präferenzen von den erwarteten feststellen. Auf Basis dieser Daten ergibt sich folgender Testwert:

$\chi^2 = (35\text{-}30)^2/30 + (25\text{-}30)^2/30 + (15\text{-}20)^2/20 + (25\text{-}20)^2/20 = 4{,}17$

**4. Bestimmung der Irrtumswahrscheinlichkeit**

Dieser empirisch berechnete Testwert muss nun mit einem theoretischen Testwert verglichen werden. Die theoretischen Testwerte können Verteilungstabellen entnommen werden, die bspw. in verschiedenen Statistikbüchern dokumentiert sind (z. B. Bühner/Ziegler 2017, S. 794 ff.). Im vorliegenden Fall läge der theoretische Testwert (hier bei einem Freiheitsgrad, mehr zu Freiheitsgraden vgl. Kap. 2.4.1) bei einem Signifikanzniveau von $\alpha$ = ,050 bei 3,84. Der empirische Testwert ist mit 4,17 deutlich höher. Das bedeutet, die Abweichung ist statistisch signifikant. Der händische Vergleich mittels einer Verteilungstabelle ist heute eher unüblich, da eine Analyse-Software (wie SPSS) dem Anwender die exakte Irrtumswahrscheinlichkeit angeben kann. In unserem Fall läge diese bei p = ,040, d. h. bei 4 %.

| **Freiheitsgrade (df)** | **Signifikanzniveau ($\alpha$)** | |
|---|---|---|
| | **,050** | **,010** |
| 1 | **3,84** | 6,63 |
| 2 | 5,99 | 9,21 |
| 3 | 7,81 | 11,34 |
| 4 | 9,49 | 13,28 |
| 5 | 11,07 | 15,09 |
| 10 | 18,31 | 23,21 |
| 20 | 31,41 | 37,57 |
| 30 | 43,77 | 50,89 |
| 40 | 55,76 | 63,69 |
| 50 | 67,50 | 76,15 |
| 100 | 124,34 | 135,81 |
| 200 | 233,99 | 249,45 |
| 500 | 553,13 | 576,49 |

**5. Interpretation**

Was bedeutet eine Irrtumswahrscheinlichkeit von 4% nun inhaltlich? Per Konvention geht man bei einem Wert von $p \leq ,050$ von einem statistisch signifikanten Befund aus. Dies ist hier der Fall. D. h. wir verwerfen H0 und behalten H1 bei. Auf unsere Fragestellung bezogen bedeutet dies, dass Männer und Frauen auch in der Grundgesamtheit sehr wahrscheinlich unterschiedliche Geschmackspräferenzen aufweisen.

### 1.5.4 Wahl des Analyseverfahrens

Das Spektrum möglicher Auswertungsmethoden ist sehr breit. Welches Verfahren Anwendung findet, wird schon durch das Design der Studie festgelegt. Eine zu beantwortende Frage ist dabei, ob Unterschiedshypothesen, d.h. Gruppenunterschiede, oder Zusammenhangshypothesen, d.h. Korrelationen zwischen Variablen, getestet werden. Wir sprechen von **Dependenzanalysen**, wenn wir den Einfluss von einer (oder mehreren) unabhängigen Variablen (UV) auf eine (oder mehrere) abhängige Variable(n) (AV) untersuchen (Hair et al. 2014, S. 12). Bei einer **Interdependenzanalyse** werden wechselseitige Beziehungen der Variablen untersucht und es wird keine Richtung des Zusammenhangs unterstellt. Diese Abgrenzung ist allerdings nicht immer ganz eindeutig, da manche Verfahren unterschiedlich eingesetzt werden können. Zudem unterstellen Dependenzanalysen Kausalität; geprüft werden können diese mit den Verfahren jedoch meist nicht. Hierfür ist ein entsprechendes Untersuchungsdesign nötig (vgl. Kap. 1.3.3.3: Experiment).

Eine weitere Frage ist, wie viele Variablen in die statistische Untersuchung einfließen. Mit **bivariaten Verfahren** können Unterschiede zwischen verschiedenen Gruppen auf einer Variablen oder Beziehungen zwischen zwei Variablen analysiert werden. **Multivariate Analysen** sind gekennzeichnet durch die gleichzeitige Analyse von mehr als zwei Variablen. In diesem Fall kann es also auch mehrere abhängige und/oder mehrere unabhängige Variablen geben. Multivariate Analysen sind aktuell das Standardwerkzeug der Marketing-Forscher. Zudem muss das **Skalenniveau** der Variablen beachtet werden (vgl. Kap. 1.5.1) und, wie im nächsten Kapitel dargelegt, noch geprüft werden, ob die Verteilung der Variablen den Einsatz von sog. **parametrischen Verfahren** ermöglicht (vgl. Kap. 1.5.5).

Auf Basis all dieser Kriterien lässt sich das geeignete statistische Analyseverfahren auswählen. Dies hier vollständig darzustellen, würde den Rahmen sprengen. Die folgende Auflistung in Tab. 15 soll nur einen ersten Einblick geben. Der interessierte Leser sei auf die entsprechende Fachliteratur verwiesen (Backhaus et al. 2015; Hair et al. 2014; Sedlmeier/Renkewitz 2013; Bortz/Schuster 2010).

| Verfahren | Art des untersuchten Zusammenhangs | Beispielhafte Fragestellung |
|---|---|---|
| **Kreuztabelle mit Chi-Quadrat-Test** | Zusammenhang zwischen zwei Gruppierungsvariablen | Unterscheiden sich Männer und Frauen (nominal) darin, ob sie schon einmal das neue Mixgetränk probiert haben (nominal)? |
| **Korrelationsanalyse** | Zusammenhang zwischen zwei Variablen | Besteht ein Zusammenhang zwischen der Bewertung des Flaschendesigns (intervallskalierte Skala von 1 bis 7) und der Kaufabsicht (intervallskalierte Skala von 1 bis 7)? |
| **t-Test** | Unterschied im Mittelwert einer Variablen bei zwei Gruppen | Unterscheiden sich Studierende und Berufstätige (nominal) in der Bewertung des Flaschendesigns (intervallskalierte Skala von 1 bis 7)? |
| **Varianzanalyse** *(Kap. 2)* | Unterschied im Mittelwert einer oder mehrerer Variablen bei zwei oder mehreren Gruppen | Unterscheiden sich Ärzte, Musiker und Lehrer (nominal) in der Bewertung des Flaschendesigns (intervallskalierte Skala von 1 bis 7)? |
| **Faktorenanalyse** *(Kap. 3)* | Reduktion der Information vieler Variablen auf wenige Faktoren | Lässt sich die Vielzahl der Indikatoren zur Messung des Markenimages (z. B. Sympathie, Vertrauen, Kompetenz, Einzigartigkeit, jeweils intervallskaliert) zu wenigen Faktoren zusammenfassen? |
| **Regressionsanalyse** *(Kap. 4)* | Einfluss von einer oder mehreren Variablen auf eine abhängige Variable | Beeinflusst die Bewertung des Flaschendesigns (intervallskalierte Skala von 1 bis 7) die Kaufabsicht (intervallskalierte Skala von 1 bis 7)? |
| **Clusteranalyse** *(Kap. 5)* | Bündelung von Objekten entsprechend ihrer Ähnlichkeit | Lassen sich Mixgetränk-Käufer entsprechend ihrer Eigenschaften (z. B. Extraversion, Innovativität) und ihrer Verhaltensweisen (z. B. Häufigkeit des Besuchs von Diskotheken) in verschiedene Gruppen einteilen? |

| Verfahren | Art des untersuchten Zusammenhangs | Beispielhafte Fragestellung |
|---|---|---|
| **Conjoint-Analyse** | Bestimmung von Nutzenwerten, d. h. des Beitrags verschiedener Attribute zum Gesamtnutzen eines Objektes | Welche Nutzenbeiträge liefern das Flaschendesign, der Markenname und der Preis zur Gesamtbeurteilung des Mixgetränkes? |
| **Strukturgleichunganalyse** | Testen eines komplexeren Erklärungsmodells, inklusive Mediator- und Moderatorvariablen | Lässt sich ein umfassenderes Erklärungsmodell der Kaufabsicht für Mixgetränke (intervallskaliert) in seiner Gesamtheit bestätigen? |

Anmerkungen: Die aufgeführten Skalenniveaus sind Beispiele. Manche Verfahren eignen sich für verschiedene Skalenniveaus (z. B. Korrelation: Spearman-Korrelation für ordinalskalierte Daten und Pearson-Produkt-Moment-Korrelation für metrische Daten). Die hervorgehobenen Verfahren werden in diesem Buch ausführlicher vorgestellt.

**Tab. 15:** Ausgewählte bi- und multivariate Verfahren

Im Rahmen dieses Lehrbuches werden die ein- und mehrfaktorielle Varianzanalyse, die lineare Regressionsanalyse, die explorative Faktorenanalyse und die deterministische, hierarchische Clusteranalyse besprochen, die in Tab. 16 kurz charakterisiert sind. Die mathematische Notation unterscheidet sich zwischen den verschiedenen Lehrbüchern und -quellen. Wir halten uns vorrangig an die Notation, die auch bei Backhaus et al. (2015) zu finden ist, da dieses Buch für viele interessierte Leser eine geeignete weiterführende Lektüre sein könnte.

| | Varianzanalyse | Regressionsanalyse | Faktorenanalyse | Clusteranalyse |
|---|---|---|---|---|
| **Art der Analyse** | Dependenzanalyse | | Interdependenzanalyse | |
| **Anzahl Variablen** | Mind. eine UV, mind. eine AV | Mind. eine UV, eine AV | Mehrere | Mehrere |
| **Skalenniveau** | UV: nominal, AV: metrisch | UV: metrisch, AV: metrisch | Metrisch | Nominal, ordinal, metrisch |

Anmerkungen: UV = unabhängige Variable, AV = abhängige Variable.

**Tab. 16:** Kurzcharakterisierung der dargestellten statistischen Verfahren

### 1.5.5 Parametrische Verfahren und die Prüfung der Normalverteilung

Man unterscheidet parametrische und nicht-parametrische Testverfahren. **Parametrische Tests** setzen eine spezielle Verteilung der Daten in der Population voraus. Meist wird eine sog. Normalverteilung erwartet. **Nicht-parametrische Tests** setzen keine spezielle Verteilung voraus. Sie werden auch als verteilungsfreie Tests bezeichnet. Die Aussagekraft und Auswertungsmöglichkeiten sind bei nicht-parametrischen Verfahren im Vergleich zu parametrischen jedoch eingeschränkt. Um bspw. Mittelwertunterschiede zwischen zwei Gruppen zu prüfen, kann man den t-Test als parametrisches Verfahren einsetzen. Das nicht-parametrische Pendant wäre der Mann-Whitney-U-Test. Bei mehr als zwei Vergleichsgruppen wäre die Varianzanalyse die parametrische Variante, während der Kruskal-Wallis-H-Test (einfaktoriell) oder der Scheirer-Ray-Hare-Test (mehrfaktoriell) als nicht-parametrische Tests zum Einsatz kommen könnten. Nicht-parametrische Verfahren werden hier nicht behandelt. Den interessierten Leser verweisen wir bspw. auf Bortz et al. (2008).

Parametrische Verfahren setzen die Gauß'sche Normalverteilung der Daten in der Population voraus. Die **Normalverteilung** ist eine stetige Verteilung. Die Dichtefunktion ist unimodel (ein Gipfel) und symmetrisch. Sie erinnert an die Form einer Glocke, weshalb man auch von einer Glockenkurve spricht. Dies kommt dadurch zustande, dass die Antworten der meisten Probanden nur leicht vom arithmetischen Mittel ($\bar{x}$) abweichen, während größere Differenzen zum Mittelwert selten vorkommen (vgl. Abb. 4). Bei einer Normalverteilung liegen im Bereich von einer Standardabweichung (s) über und

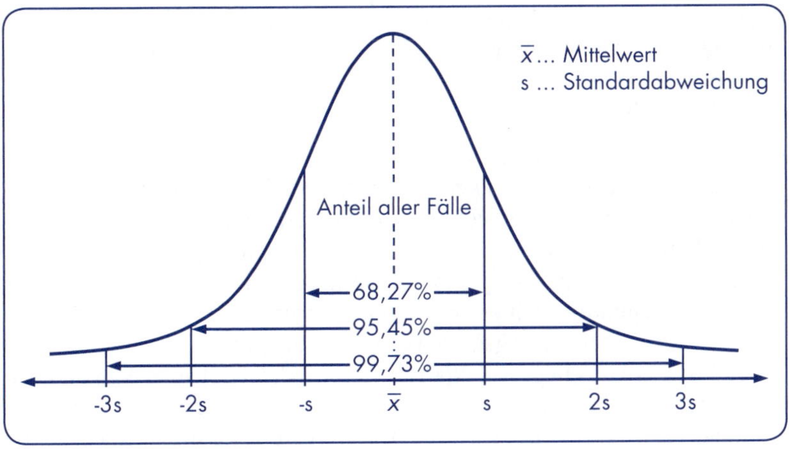


**Abb. 4:** Normalverteilungskurve

unter dem Mittelwert 68,27 % der Fälle. In dem Bereich des 1,96-fachen einer Standardabweichung liegen 95 % aller Fälle. Dies ist für die Signifikanzprüfung (bei $\alpha$ = ,050) von besonderem Interesse. Der Testwert von 1,96 markiert damit bei vielen Tests den Grenzwert für einen statistisch signifikanten Befund (z. B. beim später erläuterten Kolmogorov-Smirnov-Test oder beim t-Test, da die t-Verteilung bei großen Stichproben in eine Normalverteilung übergeht, vgl. Kap. 2.1).

Um zu prüfen, ob eine Variable normalverteilt ist, kann man den **Kolmogorov-Smirnov-Anpassungstest** als Testverfahren einsetzen. Er testet die – meist nicht gewünschte – Alternativhypothese (H1), dass sich die Verteilung der Beobachtungswerte der Variablen in der Grundgesamtheit von der Verteilung einer Normalverteilung unterscheidet. Ein signifikantes Ergebnis bei diesem Test deutet demnach darauf hin, dass die eigentlich erwünsche Nullhypothese (H0: Die Verteilung der Beobachtungswerte unterscheidet sich **nicht** von einer Normalverteilung) abgelehnt werden muss. Da sich bei steigender Stichprobengröße kleinere Abweichungen statistisch leichter absichern lassen, ergibt sich bei großen Stichproben häufig das (aus Sicht des Forschers unerwünschte) Ergebnis, dass der Test die entsprechende Variable als **nicht** normalverteilt ausweist. Manche Autoren argumentieren deshalb, dass der Test nur bei Stichproben mit weniger als 40 Fällen sinnvoll anwendbar ist (Bortz et al. 2008).

Aus diesem Grund sollte man insb. bei größeren Stichproben auch per **Augenschein** prüfen, ob die Variable annähernd einer Normalverteilung folgt. Beispielsweise ermöglicht ein Histogramm der abhängigen Variablen mit eingezeichneter Normalverteilungskurve die Art der Verteilung zu bewerten (vgl. Abb. 5 links). Einen weiteren Hinweis liefert der **Normalverteilungs-Plot**, auch P-P-Diagramm genannt. Bei einer Normalverteilung liegen alle Punkte exakt auf der diagonalen Linie. In unserem Beispiel sind hingegen gewisse Abweichungen von der Normalverteilung zu erkennen (vgl. Abb. 5 rechts). Zudem lässt sich aus den Merkmalen „Schiefe" und „Kurtosis" ein vergleichsweise objektives Urteil ableiten:

- Die **Schiefe** (skewness) einer Verteilung gibt den Grad an, zu dem die Beobachtungswerte asymmetrisch um das arithmetische Mittel streuen. Konzentrieren sich die Antworten der Befragten unterhalb des Mittelwertes, spricht man von einer rechtsschiefen und linkssteilen Verteilung. Der Wert der Schiefe ist in diesem Fall größer Null. Dagegen handelt es sich um eine linksschiefe oder rechtssteile Streuung, wenn der größte Teil der Beobachtungswerte oberhalb des Mittelwertes liegt (= negativer Schiefe-Wert). Ein Wert von Null bescheinigt einer Verteilung Symmetrie. Da es sich bei der Normalverteilung um eine symmetrische Verteilung handelt, sollte die Schiefe der abhängigen Variablen demnach bei Null liegen. Hair et al. (2014, S. 70 f.) schlagen vor, mit der Formel $z = Schiefe / \sqrt{6 / N}$ aus der Schiefe einen kritischen Wert z zu berechnen. Liegt der z-Wert im Bereich -1,96 bis +1,96, weicht die Schiefe der Verteilung (mit einer fünfprozentigen Irrtumswahrscheinlichkeit) nicht von der Normalverteilung ab.

- Die **Kurtosis** ist ein Maß für die Wölbung einer Verteilung, die angibt, wie stark der Großteil der Beobachtungen vom arithmetischen Mittel abweicht. Werte größer Null sprechen für eine breite Streuung, d. h. es liegt eine vergleichsweise flache Kurve vor. Nimmt die Kurtosis einen Wert kleiner Null an, dann sammeln sich die Daten um den Mittelwert. Dementsprechend ist die Kurve in diesem Fall höher und stärker gewölbt. Normalverteilt ist eine Variable dann, wenn die Kurtosis gleich Null ist. Auch hier empfehlen Hair et al. (2014, S. 70 f.) mit der Formel $z = Kurtosis / \sqrt{24 / N}$ einen z-Wert zu berechnen, der im Intervall -1,96 bis +1,96 liegen sollte.

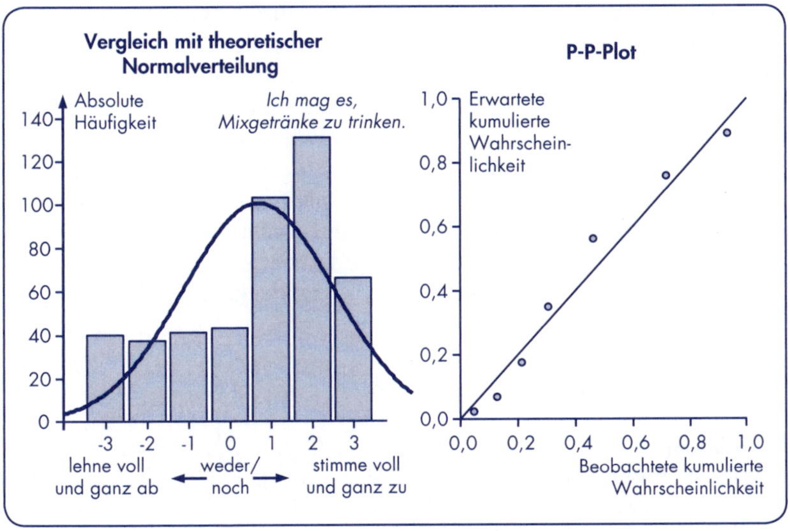


**Abb. 5:** Augenscheinprüfung der Normalverteilungsannahme

In unserem Beispiel lassen weder Augenschein noch Inferenzstatistik den Schluss zu, dass die Variable „Ich mag es, Mixgetränke zu trinken." einer Normalverteilung folgt. Selbst wenn man bei einem Stichprobenumfang von n = 461 das Ergebnis des Kolmogorov-Smirnov-Anpassungstests zu Recht eher kritisch bewertet ($p \leq ,001$), lassen auch andere Indikatoren an der Normalverteilung zweifeln. Setzt man die Werte für die Schiefe (-,690) und Kurtosis (-,626) in die oben genannten Formeln ein, so erhält man $z_{Schiefe} = -6{,}05$ und $z_{Kurtosis} = -2{,}74$, die beide außerhalb der Grenzwerte liegen. Liegt keine Normalverteilung vor, können parametrische Tests nicht sinnvoll angewendet werden, und der Forscher sollte ein alternatives nicht-parametrisches Verfahren einsetzen.

### 1.5.6 Wahl der Analysesoftware

Statistische Analysen werden nahezu immer computergestützt mit Hilfe von Analysesoftware durchgeführt. Die zur Verfügung stehende Software ist sehr vielfältig. Mit einigen Ausnahmen (insb. „R", „PSPP") sind die Softwarepakete kostenpflichtig. Einige Verfahren (z. B. t-Test, Chi-Quadrat-Test, Korrelationsanalyse etc.) könnten prinzipiell auch mit Microsoft-Excel durchgeführt werden (Duller 2013), aber für die in diesem Buch besprochenen multivariaten Verfahren ist die Anwendung von Excel ungleich aufwendiger. In den Sozialwissenschaften und der Psychologie sehr weit verbreitet und vergleichsweise einfach in der Bedienung ist SPSS. In der Ökonometrie wird häufiger STATA eingesetzt. R ist eine Open-Source-Anwendung mit sehr großem Funktionsumfang, der ständig weiterentwickelt wird. Wir können an dieser Stelle nicht im Detail auf die Vor- und Nachteile verschiedener Pakete eingehen. Es existieren zahlreiche Bücher, die in die Anwendung der Softwarepakete einführen (z. B. SPSS: Field 2017; Bühl 2016; STATA: Kohler/Kreuter 2016; R: Hatzinger et al. 2014). Neben den genannten Verfahren gibt es noch verschiedenste Software-Pakete für spezielle Anwendungen wie die kovarianzbasierte Strukturgleichungsanalyse (z. B. SPSS AMOS, LISREL, Mplus), den varianzbasierten Partial Least Squares-Ansatz (z. B. SmartPLS) oder die Mehrebenenanalyse (z. B. HLM).

## 1.6 Dokumentation

**Fallbeispiel Limonatik**

Die statistische Analyse liefert wirklich spannende Ergebnisse. Marta Formula möchte diese nun schnellstmöglich dem Geschäftsführer, Michael Füller, präsentieren. Zugegebenermaßen hatte sie sich bei der Auswertung Hilfe von einem befreundeten Wissenschaftler geholt. Dieser möchte die Ergebnisse nun auch für eine wissenschaftliche Fachzeitschrift aufbereiten.

**Bei der Dokumentation sind folgende Fragen zu klären:**

- *Was ist bei der Aufbereitung der Ergebnisse für eine Präsentation vor Praktikern zu beachten?*
- *Wie kann ich Untersuchungsergebnisse wissenschaftlich publizieren?*

### 1.6.1 Dokumentation für die Praxis

In der Praxis werden die Ergebnisse eines Marketing-Forschungsprojektes häufig in Form eines Berichtsbands dokumentiert und zusätzlich mündlich gegenüber dem Auftraggeber präsentiert. Ein Berichtsband gliedert sich häufig in vier Teile: Die Einleitung, in der Ziele und Eckpunkte der Studie zusammengefasst werden, den Hauptteil, in dem die zentralen Ergebnisse dokumentiert sind, den Schlussteil mit einer Zusammenfassung und Implikationen und den Anhang mit zusätzlichen Informationen wie z.B. dem Fragebogen (vgl. Tab. 17).

| | **Zentrale Inhalte** |
|---|---|
| **Einleitung** | – Auftragnehmer und Auftraggeber<br>– Projektzeitraum<br>– Charakterisierung der Stichprobe<br>– Methodisches Vorgehen (Erhebungs-, Analyseverfahren)<br>– Definition des Problems bzw. von Teilproblemen |
| **Hauptteil** | – Grafische und verbale Darstellung der zentralen Ergebnisse und Interpretation bzw. Bewertung der Ergebnisse |
| **Schlussteil** | – Zusammenfassung<br>– Handlungsempfehlungen |
| **Anhang** | – Dokumentation des Fragebogens<br>– Ggf. Berechnungsschritte<br>– Ggf. vollständige Auswertungen |

**Tab. 17:** Aufbau und Inhalte eines Abschlussberichtes

### 1.6.2 Dokumentation für die Wissenschaft

Forschungsergebnisse werden in englischsprachigen Fachzeitschriften, den Journals, publiziert, um sie einem wissenschaftlich interessierten, internationalen Publikum zu präsentieren. Um die relevanten und qualitativ hochwertigen Marketing-Journals zu identifizieren, empfiehlt sich ein Blick in das im deutschsprachigen Raum verbreitete Jourqual-Rankingsystem, das Fachzeitschriften in die Kategorien A+ bis D einstuft. Nach dieser Liste sind die wichtigsten Marketing-Journals mit einer Einstufung als „A+" das Journal of Marketing, Journal of Marketing Research, Marketing Science und das Journal of Consumer Research. Die Art der Studiendokumentation (inkl. Aufbau der Beiträge, Darstellung von Tabellen, Zitationsrichtlinien) folgt in den Fachzeitschriften strengen Konventionen, damit Leser schnell und sicher die relevanten Informationen finden.

In den meisten Fachzeitschriften orientiert sich die Darstellung an dem sog. APA-Style (http://www.apastyle.org/), wozu es auch ein ausführliches Manual gibt (APA 2009). Wer nicht gleich eine internationale, wissenschaftliche Fachpublikation anstrebt, sondern zunächst eine Studien-, Bachelor- oder Masterarbeit abfassen möchte, findet bei verschiedenen Lehrbüchern zum wissenschaftlichen Arbeiten Hilfe (Kornmeier 2016; Stickel-Wolf/Wolf 2016).

## 1.7 Literaturempfehlungen

Berekoven, L., Eckert, W., & Ellenrieder, P. (2009). *Marktforschung: Methodische Grundlagen und praktische Anwendung* (12. Aufl.). Wiesbaden: Gabler.

Döring, N., & Bortz, J. (2016). *Forschungsmethoden und Evaluation für Sozialwissenschaftler* (5. Aufl.). Berlin: Springer.

Kuß, A., Wildner, R., & Kreis, H. (2014). *Marktforschung. Grundlagen der Datenerhebung und Datenanalyse* (5. Aufl.). Wiesbaden: Springer Gabler.

Sedlmeier, P., & Renkewitz, F. (2013). *Forschungsmethoden und Statistik. Ein Lehrbuch für Psychologen und Sozialwissenschaftler* (2. Aufl.). München: Pearson.

## 1.8 Lernhilfen

### 1.8.1 Kontrollfragen

1. Bitte ergänzen Sie die Lückentexte.

   Das Gütekriterium der ..................... prüft, inwiefern ein Konstrukt tatsächlich das misst, was es zu messen vorgibt. Die ....................... ist ein Maß für die Zuverlässigkeit eines Messinstrumentes. .............................. liegt bei einer Messung dann vor, wenn mehrere Forscher unabhängig voneinander zum selben Ergebnis kommen.

2. Wie würden Sie „Kausalität" definieren? Welche Bedingungen müssen erfüllt sein, damit man Kausalität annehmen kann?
3. Grenzen Sie den qualitativen und den quantitativen Forschungsansatz voneinander ab. Was ist ein Mixed-Methods-Ansatz? Warum kann es sinnvoll sein, einen Mixed-Methods-Ansatz zu verfolgen?
4. Welche der im Folgenden aufgeführten Antworten sind richtig?

   ☐ Ob eine Variable normalverteilt ist, lässt sich per Augenschein in einem Histogramm erkennen.

☐ Der Kolmogorov-Smirnov-Anpassungstest prüft die Nullhypothese, dass die Beobachtungswerte einer Variablen in der Grundgesamtheit nicht der Normalverteilung folgen.

☐ Eine Verteilung ist rechtssteil und linksschief, wenn sich die Beobachtungswerte oberhalb des arithmetischen Mittels häufen.

### 1.8.2 Vernetzungsaufgaben

Auf der Produktseite des Buches unter www.vahlen.de und dem QR-Code finden Sie einen Datensatz, der nur die Daten von Probanden umfasst, die nicht älter als 30 Jahre sind. Versetzen Sie sich in die Rolle von Marta Formula und nutzen Sie diesen Datensatz und ein Statistikprogramm (z. B. SPSS), um die folgenden Analysen selbst durchzuführen.

1. Berechnen Sie für die Variable mix 1 („Ich mag es, Mixgetränke zu trinken.") folgende deskriptive Statistiken: Häufigkeiten, arithmetisches Mittel, Median, Varianz, Standardabweichung.
2. Das „Alter" ist im Datensatz als metrisch skalierte Variable gespeichert. Transformieren Sie die Variable „Alter" in eine nominal skalierte Variable um. Nutzen Sie zur Bildung von zwei Gruppen den Median-Split, d. h. verwenden Sie den Median, um den Datensatz für die Variable „Alter" in zwei etwa gleich große Gruppen aufzuteilen.
3. Berechnen Sie, ob ein statistisch signifikanter Unterschied zwischen dem Alter (bis 25 Jahre; > 25 Jahre) und der Einstellung zu Mixgetränken (Variable mix 1: „Ich mag es, Mixgetränke zu trinken.") besteht. Nutzen Sie hierfür die Kreuztabellierung und den Chi-Quadrat-Test.

   Beachten Sie, dass für diese Analyse beide Variablen nominal skaliert sein müssen. Sie müssen deshalb zunächst die intervallskalierte Variable „mix1" in eine nominal skalierte Variable umwandeln. Transformieren Sie dazu die Variable wie folgt: 1 = negative Einstellung zu Mixgetränken (Ausgangswerte -3, -2, -1, 0), 2 = positive Einstellung zu Mixgetränken (Ausgangswerte 1, 2, 3).

# 2 Varianzanalyse

## 2.1 Ziel

**Fallbeispiel Limonatik**
Ein wichtiger Teil des von Marta Formula angestoßenen Marketing-Forschungs-Projektes ist die Analyse der Zielgruppe des neuen Mixgetränkes. Als Marketing-Expertin weiß Marta Formula, dass sich aus den Einstellungen, die ein Konsument zu einem Produkt bzw. einer Marke hat, Rückschlüsse auf die Kaufabsicht ziehen lassen. Im Fragebogen wurden die Probanden deshalb u. a. gebeten, ihre Einstellung gegenüber Mixgetränken anzugeben. Im Rahmen der für die Produktneuentwicklung besonders relevanten Zielgruppenanalyse interessiert Marta Formula zunächst, inwiefern sich die Einstellung gegenüber Mixgetränken zwischen Männern und Frauen sowie zwischen verschiedenen Altersgruppen unterscheidet. Marta Formula erinnert sich, dass die Varianzanalyse ein geeignetes Analyseverfahren für diese Fragestellung ist. Doch wie genau führt man diese durch und was ist dabei zu beachten?

**Bei der Varianzanalyse sind folgende Fragen zu klären:**

- *Erfüllen meine Daten alle Voraussetzungen, um eine Varianzanalyse durchführen zu können?*
- *Lassen sich Mittelwertunterschiede in der abhängigen Variablen zwischen verschiedenen Gruppen feststellen?*
- *Sind die Mittelwertunterschiede signifikant?*

Im Marketing begegnen uns häufig Fragestellungen, die nach einem so genannten **Gruppenvergleich** verlangen. So könnte Limonatik bspw. interessieren, ob sich Frauen und Männer in ihrer Einstellung zu Mixgetränken ganz allgemein und zu dem neuen Mixgetränk im Besonderen unterscheiden. Ebenso könnte man fragen, ob Probanden, die drei verschiedenartig gestaltete Werbeplakate des Mixgetränkes gesehen haben, in ihrer Einstellung zu dem Mixgetränk differieren. Hierzu böte es sich an, drei Gruppen von Personen je eines der drei Plakate unter kontrollierten Bedingungen zu präsentieren. Zeigen die drei Gruppen eine unterschiedliche Einstellung zum Mixgetränk oder zum werbenden Anbieter Limonatik und ist womöglich die Kaufabsicht abweichend, dann lässt sich dies auf die Wirkung der Werbekampagne zurückführen. Allerdings muss beachtet werden, dass sich die Werte der drei Gruppen nicht nur im Mittel unterscheiden, sondern dass es auch innerhalb der Gruppen eine gewisse Streuung geben kann. Dies ist in Abb. 6 schematisch dargestellt. Auch wenn der Mittelwert in Gruppe 2 höher ist als jener in Gruppe 1, gibt es zahlreiche Fälle in Gruppe 1, die höhere Werte aufweisen als der Mittelwert von Gruppe 2.

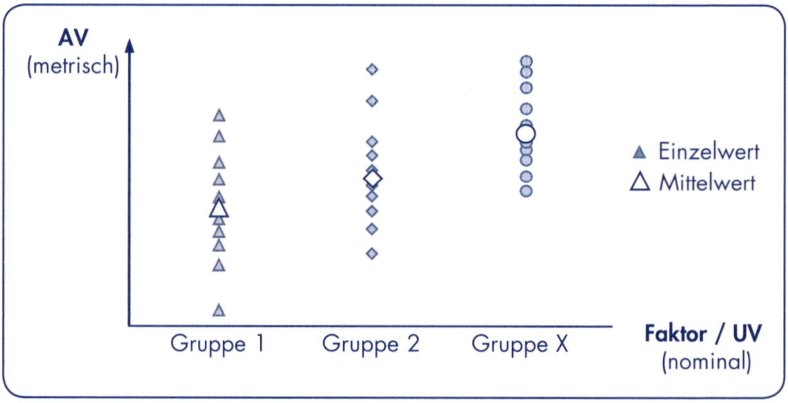


**Abb. 6:** Mittelwertvergleich unter Beachtung der Streuung

Unterscheiden sich die Gruppen nun statistisch signifikant voneinander? Zahlreiche Verfahren können dazu eingesetzt werden, um Gruppen inferenzstatistisch zu vergleichen. Man denke u. a. an die Kreuztabelle (mit Chi-Quadrat-Test, vgl. Kap. 1.5.3), den t-Test (vgl. Bsp. 9) oder an nicht-parametrische Testverfahren wie den U-Test nach Mann/Whitney und den H-Test nach Kruskal/Wallis. Die in diesem Zusammenhang wohl anspruchsvollste Methode ist jedoch die Varianzanalyse. Wie der Name bereits ankündigt, werden hier nicht die Mittelwerte der Gruppen verglichen, sondern die Abweichung der Gruppenmittelwerte vom Gesamtmittelwert. Oftmals wird die Varianzanalyse als **ANOVA** bezeichnet, was sich als Akronym der englischen Bezeichnung „**an**alysis **o**f **va**riance" ergibt.

Die Varianzanalyse gehört ebenso wie die Regressionsanalyse zu den **Dependenzanalysen** (Hair et al. 2014, S. 12). Sie prüft den Einfluss einer oder mehrerer unabhängiger Variablen auf eine oder mehrere abhängige Variablen. Die unabhängigen Variablen (bei der Varianzanalyse Faktor genannt) sind nominal skaliert; die abhängigen metrisch. Damit eignet sich die Varianzanalyse insb. zur

Auswertung von Experimenten (Eschweiler et al. 2007; Shadish et al. 2001), bei denen ein Forscher bewusst die Ausprägungen der unabhängigen Variablen zwischen den Gruppen variiert (vgl. experimentelles Design; Kap. 1.3.3.3), um deren Wirkung auf die abhängige Größe zu prüfen.

Das folgende **Beispiel** soll dazu dienen, das Vorgehen bei einer Varianzanalyse zu erläutern. Der Aussage „Ich mag es, Mixgetränke zu trinken." als einen Indikator für die Einstellung zu Mixgetränken konnten die Befragten auf einer siebenstufigen Ratingskala zustimmen oder diese ablehnen (vgl. Abb. 7).

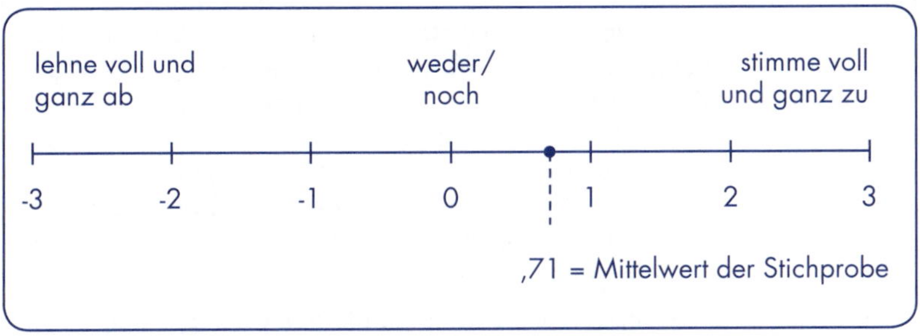


**Abb. 7:** Siebenstufige Ratingskala

Von den 471 Teilnehmern der Umfrage haben 461 diese Aussage bewertet. Im Mittel stimmen die Befragten eher zu (arithmetisches Mittel = ,71). Nun könnte man bspw. vermuten, dass insb. Frauen gerne Mixgetränke trinken. Die entsprechende Fragestellung würde daher lauten: „Unterscheiden sich Frauen hinsichtlich ihrer Einstellung zu Mixgetränken von Männern?" Zur Analyse dieser Fragestellung eignet sich neben der ANOVA auch der t-Test, der in Bsp. 9 beschrieben ist.

**Beispiel 9: Analyse von Mittelwertunterschieden anhand des t-Tests**

**Der t-Test als kleiner Bruder der Varianzanalyse**

Marta Formula hat die Einstellung zu Mixgetränken auf einer siebenstufigen Skala erfasst. Nun möchte sie prüfen, ob sich Männer und Frauen in der Grundgesamtheit in ihrer Einstellung gegenüber Mixgetränken unterscheiden. Sie stellt die Alternativhypothese (H1) auf, dass sich die Einstellung von Männern und Frauen unterscheidet. Diese Hypothese ist ungerichtet, d. h. Marta Formula trifft keine Annahme, dass die Einstellung von Männern höher ist als jene der Frauen (oder umgekehrt). Die Nullhypothese lautet, dass sich die Einstellung von Männern und Frauen nicht unterscheidet. Nach reiflicher Überlegung entscheidet sich Marta richtigerweise, die Hypothese mit einem t-Test zu überprüfen.

Der t-Test ist ein einfaches, parametrisches Verfahren, um Mittelwertunterschiede zwischen zwei Gruppen zu ermitteln. Wir stellen hier den **t-Test für unabhängige Stichproben** vor, bei dem die zentrale Tendenz (d. h. das arithmetische Mittel) von zwei Gruppen verglichen wird. Bei t-Tests für abhängige Stichproben hängen – im Gegensatz zum hier behandelten t-Test für unabhängige Stichproben – die beiden Untersuchungsgruppen in irgendeiner Form zusammen (z. B. wird die Einstellung einer Person mehrmals gemessen und die Werte verglichen oder es wird die Einstellung von Ehemännern mit jenen ihrer Ehefrauen verglichen). Weitere Informationen zu diesem Test finden sich bspw. bei Bortz/Schuster (2010, S. 120 ff.) und Sedlmeier/Renkewitz (2013, S. 397 ff.).

Erste deskriptive Auswertungen mit 458 Probanden, für die Angaben zum Geschlecht und zur Einstellung vorliegen, haben ergeben, dass das arithmetische Mittel der Einstellung der Männer bei $\overline{x}_A = ,57$ und jenes der Frauen bei $\overline{x}_B = ,85$ liegt. Die Werte streuen in beiden Gruppen mit einer Standardabweichung s = 1,85 bei den Männern und s = 1,80 bei den Frauen. Marta Formula fragt sich, ob dieser Mittelwertunterschied statistisch signifikant ist. Sie wendet die in Kap. 1.5.3 beschriebenen Schritte zur Hypothesenprüfung an.

Der **t-Wert**, d. h. die Teststatistik, wird folgendermaßen berechnet, wobei $s_{\overline{x}_A - \overline{x}_B}$ den geschätzten Standardfehler der Differenzen bezeichnet:

$$t = \frac{\overline{x}_A - \overline{x}_B}{s_{\overline{x}_A - \overline{x}_B}}$$

Die t-Statistik wird damit als Differenz der beiden Gruppenmittelwerte berechnet, die durch den Standardfehler der Differenz der Mittelwerte geteilt wird. Da wir hier nur auf das Grundprinzip eingehen und die Bestimmung der gemeinsamen Standardabweichung davon abhängt, ob die Varianzen in den Gruppen homogen oder heterogen sind, verweisen wir diesbezüglich auf Bortz/Schuster (2010) oder Bühner/Ziegler (2017).

Marta Formula ermittelt einen t-Wert von t = 1,62. Um die statistische Signifikanz zu prüfen, legt sie ein Signifikanzniveau von $\alpha$ = ,050 fest. Den Grenzwert, den der t-Wert überschreiten muss, könnte sie nun aus einer Tabelle der t-Verteilung ablesen. Sie weiß, dass sie beim t-Test df = n-2 = 458-2 = 456 Freiheitsgrade beachten muss (mehr zu Freiheitsgraden vgl. Kap. 2.3.2) und sie würde so einen Grenzwert von ca. 1,97 ermitteln (df = 500 in der Tabelle). Dieser Grenzwert

| **Freiheitsgrade (df)** | **Signifikanzniveau ($\alpha$) (zweiseitige Testung)** | |
|---|---|---|
| | **,050** | **,010** |
| 10 | 2,23 | 3,17 |
| 20 | 2,09 | 2,85 |
| 30 | 2,04 | 2,75 |
| 40 | 2,02 | 2,70 |
| 50 | 2,01 | 2,68 |

(theoretischer t-Wert) liegt deutlich über dem von ihr berechneten empirischen t-Wert. Der Befund ist folglich nicht statistisch signifikant und Marta Formula kann die Nullhypothese nicht verwerfen. Tatsächlich schaut Marta Formula aber erst gar nicht in die Tabelle der t-Verteilung, sondern führt die Analyse mit der Statistiksoftware SPSS durch und erfährt so, dass die exakte Irrtumswahrscheinlichkeit bei p = ,105 und damit deutlich über 5 % liegt.

| **Freiheitsgrade (df)** | **Signifikanzniveau (α) (zweiseitige Testung)** | |
|---|---|---|
| 100 | 1,98 | 2,63 |
| 200 | 1,97 | 2,60 |
| 500 | 1,97 | 2,59 |
| ∞ | 1,96 | 2,58 |

Auch die **Varianzanalyse** prüft, ob sich die Mittelwerte einer bestimmten Variablen zwischen Gruppen unterscheiden. Während der t-Test jedoch nur zwei Gruppen vergleichen kann, vermag die Varianzanalyse mehrere Gruppen zu vergleichen. Doch warum rechnet man nicht einfach mehrere t-Tests zwischen jeweils zwei Gruppen anstatt einer Varianzanalyse? Man möchte vermeiden, dass der Fehler erster Art ansteigt (vgl. Kap. 1.5.3; Sedlmeier/Renkewitz 2013, S. 419 ff.). Bei jedem einzelnen t-Test liegt die Wahrscheinlichkeit eines Fehlers erster Art bei 5 %. Führt man mehrere t-Tests durch, kumuliert sich dieser Fehler. Vergleicht man hingegen mehrere Gruppen mit einer Varianzanalyse, bleibt die Wahrscheinlichkeit eines Fehlers bei 5 %.

Im Gegensatz zu einem t-Test kann der Forscher mit der Varianzanalyse mehr als zwei Gruppen vergleichen. Die Varianzanalyse bietet aber noch mehr Vorteile. So lässt sich der Einfluss mehrerer gestufter, unabhängiger Variablen auf eine (oder mehrere) abhängige Variablen prüfen, was bei den anderen Verfahren (wie z. B. dem t-Test) nicht in einem Schritt möglich ist. Je nach Anzahl der unabhängigen Variablen werden **ein, zwei- und mehrfaktorielle** Varianzanalysen unterschieden. Bei einer abhängigen Variablen spricht man von einer ANOVA, bei mehreren abhängigen Variablen von einer **MANOVA** (**m**ultivariate **an**alysis **o**f **va**riance; vgl. Tab. 18).

| | ANOVA (Analysis of Variance) | MANOVA (Multivariate Analysis of Variance) |
|---|---|---|
| | **Eine AV:** Einstellung zu Mixgetränken (1-7, intervallskaliert) | **Zwei oder mehr AV:** Einstellung zu Mixgetränken (1-7, intervallskaliert) Kaufabsicht (1-7, intervallskaliert) |
| **Einfaktoriell**<br><br>**Eine UV:** Geschlecht (dichotom) | Beeinflusst das Geschlecht die Einstellung zu Mixgetränken? | Beeinflusst das Geschlecht die Einstellung zu Mixgetränken und die Kaufabsicht? |
| **Mehrfaktoriell**<br><br>**Zwei oder mehr UV:** Geschlecht (dichotom) | Beeinflusst das Geschlecht die Einstellung zu Mixgetränken? | Beeinflusst das Geschlecht die Einstellung zu Mixgetränken und die Kaufabsicht? |
| Alter (2 Gruppen: < 30; > 30) (nominal) | Beeinflusst das Alter die Einstellung zu Mixgetränken? | Beeinflusst das Alter die Einstellung zu Mixgetränken und die Kaufabsicht? |
| **Interaktion** | Hängt der Einfluss des Geschlechts auf die Einstellung vom Alter ab? | Hängt der Einfluss des Geschlechts auf die Einstellung und Kaufabsicht vom Alter ab? |

Anmerkungen: UV = unabhängige Variable, AV = abhängige Variable.

**Tab. 18:** Varianten der Varianzanalyse (abhängig von Anzahl der UV/AV)

## 2.2 Voraussetzungen

**Fallbeispiel Limonatik**
Damit eine Varianzanalyse gerechnet werden kann, müssen die Daten einige Voraussetzungen erfüllen, die Marta Formula in einem ersten Schritt prüfen muss. Marta weiß, dass sie auf das Skalenniveau der Variablen, die Normalverteilung der abhängigen Variablen und die Varianzhomogenität zwischen den Gruppen achten muss.

Die Varianzanalyse ist eine Dependenzanalyse, die einen Einfluss der unabhängigen Variablen (UV) auf die abhängige Variable (AV) unterstellt. Die Varianzanalyse erfordert eine metrisch skalierte AV.

Für die Faktoren (UV) ist das Nominalskalenniveau ausreichend (vgl. Tab. 19). In unserem Beispiel weist der nominalskalierte Faktor Geschlecht die Faktorstufen (= Ausprägungen) „weiblich“ und „männlich“ auf. Die Analyse soll prüfen, ob dieser Faktor mit der abhängigen Variablen „Einstellung zu Mixgetränken“ zusammenhängt, die auf einer Ratingskala von -3 bis +3 (von „lehne voll und ganz ab“ bis „stimme voll und ganz zu“) gemessen wurde.

| | |
|---|---|
| **Art der Analyse** | Dependenzanalyse (UV → AV) |
| **Anzahl Variablen** | Mind. eine UV, mind. eine AV |
| **Skalenniveau** | UV: nominal, AV: metrisch |

**Tab. 19:** Kurzcharakterisierung der Varianzanalyse

Die Varianzanalyse ist ein parametrisches Verfahren. Deshalb ist eine weitere Voraussetzung für die Anwendung, dass die Werte der abhängigen Variablen in jeder Gruppe **normalverteilt** streuen (Mooi et al. 2018, S. 161 ff.; Sedlmeier/Renkewitz 2013, S. 440). Dies kann mit den in Kap. 1.5.5 beschriebenen Verfahren geprüft werden. Sollte diese Annahme verletzt sein, kann bspw. der Kruskal-Wallis-Test als nicht-parametrisches Verfahren verwendet werden (vgl. z. B. Bortz et al. 2008).

Die Varianzanalyse setzt zudem **Varianzhomogenität** voraus, d. h. die Beobachtungswerte der einzelnen Gruppen sollen im gleichen Ausmaß um den jeweiligen Gruppenmittelwert streuen. Ob diese Voraussetzung erfüllt ist, wird üblicherweise mit dem Levene-Test überprüft. Er überprüft die Nullhypothese, dass die Varianzen der Gruppen in der Grundgesamtheit gleich sind. Ein signifikantes Ergebnis weist daher darauf hin, dass die Varianzen nicht homogen sind. Insofern sollte dieser Test zu einem nicht signifikanten Ergebnis gelangen. Dies ist in unserem Beispiel mit $p = ,287$ erfüllt. Liegt keine Varianzhomogenität vor, kann auf alternative Verfahren wie den Welch-Test oder den Brown-Forsythe-Test zurückgegriffen werden (Sedlmeier/Renkewitz 2013, S. 441).

Abb. 8 fasst zusammen, welche Voraussetzungen zu prüfen sind, bevor man Gruppen anhand einer Varianzanalyse vergleicht. Sind die Normalverteilung und die Varianzhomogenität nicht gegeben, kann der in Kap. 2.4.1 beschriebene F-Test zu falschen Ergebnissen führen. Die Varianzanalyse hat sich allerdings als relativ robust erwiesen. D. h. nur bei sehr kleinen Stichproben, sehr schiefen Populationsverteilungen oder ungleich besetzen Zellen (d. h. unterschiedliche Anzahl Probanden pro Ausprägung der unabhängigen Variablen) fallen die Verletzungen der Voraussetzungen stark ins Gewicht (Sedlmeier/Renkewitz 2013, S. 440; Bray/Maxwell 1985, S. 33 f.; Perrault/Darden 1975).

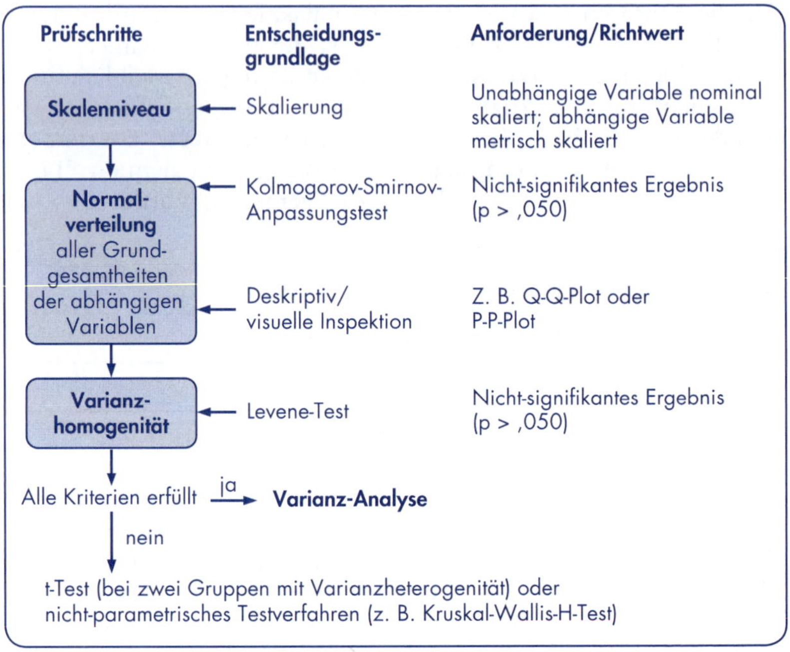


**Abb. 8:** Prüfschritte der Voraussetzungen

## 2.3 Durchführung

Marta Formula kann sich leicht vorstellen, dass zwei Gruppen sich umso mehr unterscheiden, je weiter deren arithmetische Mittel auseinanderliegen. Die Einstellung von Männern und Frauen ist tendenziell umso verschiedener, je stärker die mittlere Einstellung der Männer von der mittleren Einstellung der Frauen abweicht. Da die Varianzanalyse aber auch mehr als zwei Gruppen vergleichen soll, betrachtet man – anders als beim t-Test – jedoch nicht einfach die Differenz zwischen den Mittelwerten, sondern die Abweichungen vom Gesamtmittelwert, was als **Streuung zwischen den Gruppen** bezeichnet wird. Gehen wir zunächst aber nochmals vom einfachen Fall mit zwei Gruppen aus. In Abb. 9 (Fall I) ist beispielhaft ein Mittelwertunterschied zwischen zwei Gruppen dargestellt. Das Beispiel zeigt auch, dass eine **Streuung innerhalb der Gruppen** vorliegt, d.h. die Abweichung der einzelnen Beobachtungswerte (z.B. eines bestimmten männlichen Probanden) vom Gruppenmittelwert (hier: Mittelwert aller männlichen Probanden). Für Marta Formulas Frage bedeutet dies, dass nicht alle Männer dieselbe Einstellung aufweisen und auch nicht alle Frauen. Der Überschneidungsbereich verdeutlicht, dass einzelne Mitglieder der Gruppe 2 einen geringeren Wert als Mitglieder der

Gruppe 1 haben können, obwohl der Mittelwert von Gruppe 2 größer ist als jener von Gruppe 1. Nur wenn sich die Verteilungen der beiden Gruppen nicht zu stark überschneiden, können wir von Gruppenunterschieden ausgehen. Wie in Abb. 9 zu erkennen, ist der Überschneidungsbereich im Fall II (mit einer großen Abweichung der Mittelwerte, d. h. großer Streuung zwischen den Gruppen) deutlich kleiner als im Fall I (mit einer kleinen Abweichung der Mittelwerte). Je weniger die Gruppenverteilungen sich also überschneiden, desto sicherer können wir von einem Unterschied zwischen den Gruppen ausgehen. Wie groß der Überschneidungsbereich ist, hängt aber auch davon ab, wie stark die genannte Streuung innerhalb der Gruppen ist. Je kleiner die Streuung innerhalb der Gruppe, desto eher können Unterschiede zwischen den Gruppen festgestellt werden. Abb. 9 verdeutlicht dies noch einmal grafisch, wobei im Beispiel IV der Unterschied zwischen den Gruppen am größten ausfällt. Der Varianzanalyse liegt also das Prinzip der **Streuungszerlegung** (Streuung innerhalb vs. zwischen Gruppen) zugrunde, das wir in Kap. 2.3.1 näher erläutern werden.

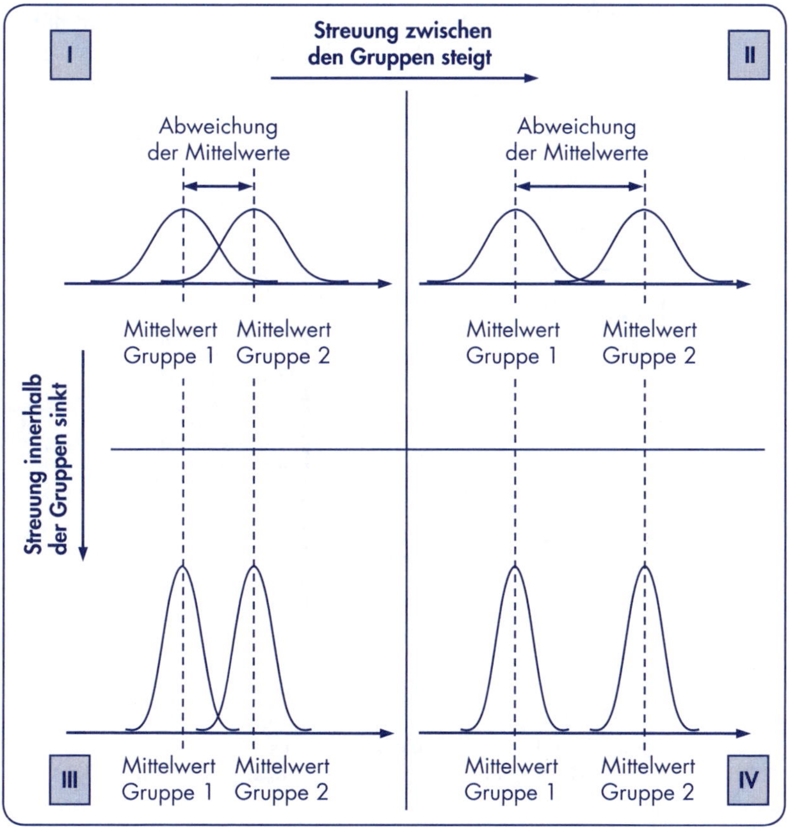


**Abb. 9:** Ursachen für Gruppenunterschiede

### 2.3.1 Streuungszerlegung

Die Abweichung jedes Beobachtungswertes vom Gesamtmittelwert wird bei der sog. Streuungszerlegung in die erklärte Abweichung und die nicht erklärte Abweichung zerlegt (vgl. Abb. 10).

- Bei der **erklärten Abweichung** handelt es sich um die Differenz zwischen dem Mittelwert der Gruppe (z. B. Frauen), zu welcher der Beobachtungswert gehört, und dem Gesamtmittelwert der Stichprobe (im Beispiel: Differenz = $\bar{x}_{Frauen} - \bar{x}_{Gesamt} = 0{,}85 - 0{,}71$). Falls das Gruppenmittel vom Gesamtmittel abweicht, ist dies allein auf die Wirkung der unabhängigen Variablen (hier: Geschlecht) zurückzuführen, die durch ihre Ausprägungen (= Faktorstufen) die Höhe der Gruppenmittelwerte (hier: Mittelwerte von Männern und Frauen) bestimmt.
- Die **nicht erklärte Abweichung** hingegen ergibt sich aus der Differenz zwischen Beobachtungswert (z. B. Wert einer bestimmten weiblichen Probandin) und Gruppenmittelwert (im Beispiel: Differenz = $x_{Frauen,\,1} - \bar{x}_{Frauen} = 1{,}00 - 0{,}85$). Sie lässt sich nicht auf den Einfluss der unabhängigen Variablen zurückführen und kommt daher durch andere, nicht im Modell berücksichtigte Größen zustande.

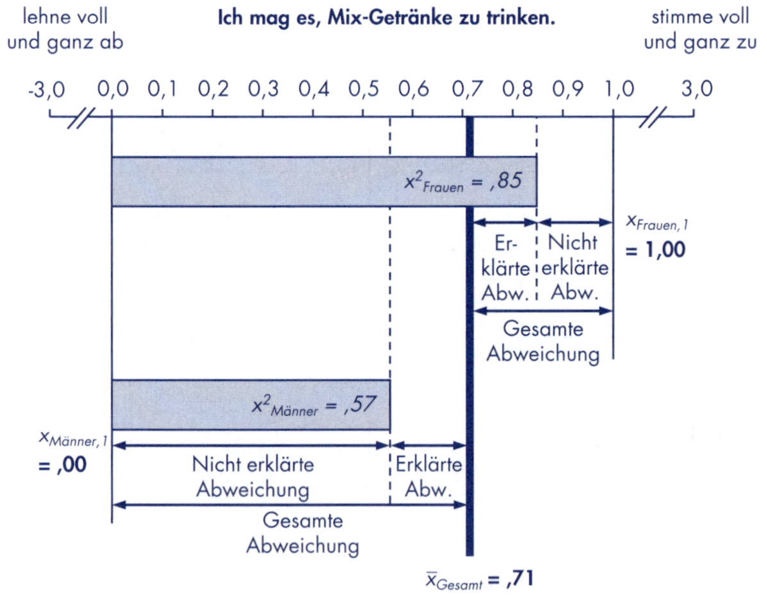


Anmerkungen: Es ist beispielhaft je ein Wert eines männlichen Probanden ($x_{Männer,1} = 0$) und einer weiblichen Probandin ($x_{Frauen,1} = 1$) dargestellt.

**Abb. 10:** Prinzip der Streuungszerlegung für einzelne Beobachtungswerte

Selbstverständlich berücksichtigt die Varianzanalyse nicht nur die Abweichung eines Beobachtungswertes vom Gesamtmittelwert. Vielmehr werden die Abweichungen sämtlicher Beobachtungswerte addiert. Damit sich positive und negative Abweichungen dabei nicht gegenseitig aufheben, werden diese vor der Addition quadriert. So ergibt sich die **Summe der quadrierten Abweichungen** (Quadratsumme = QS). Diese Gesamtstreuung ($QS_{total}$) lässt sich in zwei Komponenten zerlegen (vgl. Tab. 20): Erstens die erklärte Streuung, d. h. die Streuung zwischen den Gruppen ($QS_{between}$) und zweitens die nicht erklärte Streuung, d. h. die Streuung innerhalb der Gruppen ($QS_{within}$). Addiert man diese beiden Komponenten, erhält man die Gesamtstreuung ($QS_{total} = QS_{between} + QS_{within}$).

| Streuung | Beschreibung | Formel |
|---|---|---|
| **Gesamtstreuung** | Summe der quadrierten Abweichungen zwischen Beobachtungswerten ($x_{gn}$) und Gesamtmittelwert ($\bar{x}$) | $QS_{total} = \sum_{n=1}^{N} \left(x_{gn} - \bar{x}\right)^2$ |
| **Erklärte Streuung** | Summe der quadrierten Abweichungen zwischen Gruppenmittelwerten ($\bar{x}_g$) und Gesamtmittelwert ($\bar{x}$) | $QS_{between} = \sum_{g=1}^{G} N_g \left(\bar{x}_g - \bar{x}\right)^2$ |
| **Nicht erklärte Streuung** | Summe der quadrierten Abweichungen zwischen Beobachtungswerten ($x_{gn}$) und Gruppenmittelwert ($\bar{x}_g$) | $QS_{within} = \sum_{g=1}^{G} \sum_{n=1}^{N_g} \left(x_{gn} - \bar{x}_g\right)^2$ |

Anmerkungen: QS = Summe der quadrierten Abweichungen, N = Umfang der Stichprobe, g = Anzahl der Gruppen, $N_g$ = Anzahl der Beobachtungen innerhalb der Gruppe. $\bar{x}$ = Gesamtmittelwert, $\bar{x}_g$ = Gruppenmittelwert, $x_{gn}$ = Beobachtungswert von Proband n aus Gruppe g.

**Tab. 20:** Streuungszerlegung der abhängigen Variablen

Tab. 21 zeigt die Berechnung der Streuung in unserem Beispiel. Da hier nicht für alle Probanden die einzelnen Abweichungen aufgelistet werden können, haben wir stellvertretend für jede Gruppe fünf Fälle ausgewählt.

| | $x_{gn}$ | $\bar{x}$ | Gesamt-streuung | Erklärte Streuung | Nicht erklärte Streuung |
|---|---|---|---|---|---|
| | | | $QS_{total}$ | $QS_{between}$ | $QS_{within}$ |
| $\bar{x}$ | | ,71 | $(x_{gn}-,71)^2$ | | |
| | | | | | |
| $\bar{x}_{Frauen}$ | | ,85 | | $(,85-,71)^2$ | $(x_{Frauen,n}-,85)^2$ |
| $x_{Frauen,n}$ | 2 | | 1,67 | ,019 | 1,33 |
| | 3 | | 5,26 | ,019 | 4,64 |
| | 1 | | ,09 | ,019 | ,024 |
| | 3 | | 5,26 | ,019 | 4,64 |
| | -2 | | 7,33 | ,019 | 8,10 |
| | ... | | ... | ... | ... |
| $\bar{x}_{Männer}$ | | ,57 | | $(,57-,71)^2$ | $(x_{Männer,n}-,57)^2$ |
| $x_{Männer,n}$ | 2 | | 1,67 | ,019 | 2,05 |
| | 2 | | 1,67 | ,019 | 2,05 |
| | 2 | | 1,67 | ,019 | 2,05 |
| | -3 | | 13,74 | ,019 | 12,75 |
| | 3 | | 5,26 | ,019 | 5,91 |
| | ... | | ... | . | ... |
| **QS** | | | **1.526,80** | **8,78** | **1.518,01** |

Anmerkungen: QS = Summe der quadrierten Abweichungen, $\bar{x}$ = Gesamtmittelwert, $\bar{x}_g$ = Gruppenmittelwert, $x_{gn}$ = Beobachtungswert von Proband n aus Gruppe g.

**Tab. 21:** Berechnung der Streuung

## 2.3.2 Berechnung der Varianz bei der einfaktoriellen Varianzanalyse

Die in Tab. 21 berechneten Summen der quadrierten Abweichungen haben einen entscheidenden Nachteil: Sie werden von der Größe der Stichprobe beeinflusst, d.h. je mehr Probanden zu den einzelnen Gruppen gehören, desto größer sind diese Werte. Eine Größe für die Streuung, die auch über verschiedene Stichproben hinweg als Vergleichsmaßstab dienen kann, ist hingegen die **mittlere quadratische Abweichung** (= MS). Sie ergibt sich aus:

$$MS = \frac{Quadratsumme}{Freiheitsgrade\left(degrees\, of\ freedom\right)} = \frac{QS}{df}$$

Als **Freiheitsgrade** werden die Werte bezeichnet, die frei variieren bzw. die frei gewählt werden können. Schätzt man bspw. einen Parameter (z. B. das arithmetische Mittel) auf Basis einer Stichprobe, so lässt sich stets einer der beobachteten Werte aus den anderen und dem geschätzten Mittelwert errechnen und ist damit nicht mehr frei. Wüsste man bspw., dass das arithmetische Mittel der Variablen $x_1$, $x_2$ und $x_3$ $\bar{x} = 4$ beträgt, so können zwei Werte (z. B. $x_1 = 3$ und $x_2 = 4$) frei gewählt werden. Der letzte Wert (hier $x_3 = 5$) ist durch die anderen Werte festgelegt. Man hätte in diesem Beispiel zwei Freiheitsgrade.

Wie viele Freiheitsgrade müssen also berücksichtigt werden, will man die mittlere quadratische Abweichung bestimmen? Um die einzelnen Abweichungen berechnen zu können, muss zunächst das arithmetische Mittel aus den Daten bestimmt werden ($\bar{x}$). Die Zahl der Freiheitsgrade erhält man in vielen Fällen durch die Verminderung der Stichprobengröße um eins (N – 1, mehr zu Freiheitsgraden bei Bortz/Schuster 2010, S. 121). Setzt man dies in die obige Formel ein, erhält man die bekannte Vorschrift zur Berechnung der (empirischen) **Varianz $s^2$**:

$$s^2 = \frac{\sum_{n=1}^{N}\left(x_n - \bar{x}\right)^2}{N-1}$$

Bisher haben wir die Gesamtstreuung in erklärte und nicht erklärte Streuung zerlegt. Auch die Zahl der Freiheitsgrade muss getrennt bestimmt werden. Betrachtet man zunächst die erklärte Streuung, also die Abweichung der Gruppenmittelwerte vom Gesamtmittelwert, ergeben sich die Freiheitsgrade aus der Zahl der Gruppen abzüglich eins (denn der Gesamtmittelwert wird aus den gewichteten Gruppenmittelwerten berechnet). Dagegen sind die Freiheitsgrade bei der nicht erklärten Streuung, also der Abweichung der Beobachtungswerte vom Gruppenmittelwert, von der Zahl der Probanden abhängig, die zur jeweiligen Gruppe gehören. Um die Freiheitsgrade zu bestimmen, wird die Gruppengröße zunächst jeweils um eins vermindert. Die Freiheitsgrade der einzelnen Gruppen werden schließlich aufaddiert. Tab. 22 zeigt die Formeln der Varianz (bzw. der mittleren quadratischen Abweichung) sowie die Werte in unserem Beispiel.

| Formel | Beispiel |
|---|---|
| **Gesamtvarianz** $\frac{QS_{total}}{N-1} = \frac{\sum_{n=1}^{N}(x_n - \bar{x})^2}{N-1}$ | $\frac{1.526,78}{458-1} = 3,34$ |
| **Erklärte Varianz** $\frac{QS_{between}}{G-1} = \frac{\sum_{g=1}^{G} N_g(\bar{x}_g - \bar{x})^2}{G-1}$ | $\frac{8,78}{2-1} = 8,78$ |
| **Nicht-erklärte Varianz** $\frac{QS_{within}}{\sum_{g=1}^{G}(N_g - 1)} = \frac{\sum_{g=1}^{G}\sum_{n=1}^{N_g}(x_{gn} - \bar{x}_g)^2}{\sum_{g=1}^{G}(N_g - 1)}$ | $\frac{1.518,01}{(228-1)+(230-1)} = 3,33$ |
| **Werte im Beispiel:** N = 458, $N_g$ = 228 (Frauen) / 230 (Männer), G = 2 (Frauen, Männer), $\bar{x}$= ,71, $\bar{x}_g$ = ,85 (Frauen) / ,57 (Männer) | |

Anmerkungen: QS = Summe der quadrierten Abweichungen, N = Umfang der Stichprobe, G = Anzahl der Gruppen, $N_g$ = Anzahl der Beobachtungen innerhalb der Gruppe. $\bar{x}$ = Gesamtmittelwert, $\bar{x}_g$ = Gruppenmittelwert, $x_{gn}$ = Beobachtungswert von Proband n aus Gruppe g.

**Tab. 22:** Berechnung der mittleren quadratischen Abweichung

### 2.3.3 Mehrfaktorielle Varianzanalyse und Interaktionen

Bisher haben wir bei der Varianzzerlegung nur eine unabhängige Variable (bzw. in der Sprache der ANOVA: einen Faktor) berücksichtigt. Marta Formula könnte in die Varianzanalyse jedoch auch mehrere unabhängige Variablen einbeziehen. Das Vorgehen in diesem Fall wollen wir am Beispiel von zwei unabhängigen Variablen demonstrieren (= zweifaktorielle Varianzanalyse). Als zweite Einflussgröße neben dem Geschlecht interessiert Marta Formula das Alter der Befragten, weil sie vermutet, dass vor allem Jüngere Mixgetränke bevorzugen. Sie untersucht demnach die Frage: Unterscheiden sich jüngere Personen hinsichtlich ihrer Einstellung zu Mixgetränken von älteren Personen?

Die Befragten sollten in unserem Beispiel ihr Alter offen nennen (statt sich bspw. in eine Alterskategorie einzuordnen). Da die unabhängigen Variablen bei der Varianzanalyse allerdings nominal skaliert sein sollten, muss die metrisch skalierte Variable „Alter" zunächst in Gruppen aufgeteilt werden. Man könnte die Befragten anhand ihres Alters zu beliebig vielen Gruppen zusammenfassen. Wir wollen uns an der Fragestellung orientieren und jüngere von älteren Probanden unterscheiden, also zwei Gruppen bilden. Hierzu eignet sich der sog. Median-Split (zu einer kritischen Diskussion des Median-Splits vgl. Lasarov/Hoffmann 2017). Befragte, die jünger als oder gleich alt wie der Median sind (hier: 27 Jahre), gehören in die erste Gruppe (= jüngere Probanden). Probanden mit einem Alter über 27 Jahren zählen zu der zweiten Gruppe (= ältere Probanden).

Selbstverständlich beruht auch die mehrfaktorielle Varianzanalyse auf dem Prinzip der **Streuungszerlegung**. In diesem Fall können aber eben mehr als eine unabhängige Variable dazu beitragen, die Streuung der abhängigen Größe zu erklären. Daher werden bei der erklärten Streuung die Abweichungen der Gruppenmittelwerte vom Gesamtmittelwert für alle unabhängigen Variablen berücksichtigt. In unserem Beispiel gilt es folglich, die Streuung zwischen den Gruppen sowohl für die Variable „Geschlecht“ als auch für die Variable „Alter“ zu berechnen. Weil drei Befragte ihr Geschlecht und vier weitere ihr Alter nicht angegeben haben, besteht die Datenbasis bei dieser Analyse aus 454 Fällen. Das arithmetische Mittel der Variablen Einstellung zu Mixgetränken beträgt in dieser Stichprobe nunmehr $\bar{x}$ = ,70 (vgl. Tab. 23). Tab. 24 zeigt die Berechnung der Summe der quadrierten Abweichungen in diesem Fall. Erneut haben wir die ersten zehn Probanden beispielhaft ausgewählt. Aus Tab. 23 lässt sich u. a. ablesen, dass unabhängig vom Geschlecht der Mittelwert der jüngeren Befragten über dem Mittelwert der älteren Befragten und über dem Gesamtmittelwert liegt ($\bar{x}_{Jüngere}$ = 1,01; $\bar{x}_{Ältere}$ = ,30; $\bar{x}$ = ,70). Zudem haben Frauen offenbar eine positivere Einstellung zu Mixgetränken als Männer ($\bar{x}_{Frauen}$ = ,83; $\bar{x}_{Männer}$ = ,57; $\bar{x}$= ,70). Den höchsten Mittelwert erreichen die jüngeren Frauen mit 1,13. Am wenigsten auf Akzeptanz stoßen Mixgetränke bei älteren Männern mit ,21.

| | | Jüngere | Ältere | Summe |
|---|---|---|---|---|
| Frauen | $\bar{x}$ | 1,13 | ,41 | ,83 |
| | n | 131 | 93 | 224 |
| Männer | $\bar{x}$ | ,89 | ,21 | ,57 |
| | n | 122 | 108 | 230 |
| Gesamt | $\bar{x}$ | 1,01 | ,30 | ,70 |
| | n | 253 | 201 | 454 |

Anmerkungen: $\bar{x}$ = Arithmetisches Mittel der Variablen Einstellung zu Mixgetränken, n = Größe der Gruppe.

**Tab. 23:** Mittelwerte und Gruppengröße

| | $x_{g,n}$ | Gesamtstreuung | Erklärte Streuung Geschlecht | Erklärte Streuung Alter | Nicht erklärte Streuung |
|---|---|---|---|---|---|
| | | $QS_{total}$ | $QS_{between}$ Geschlecht | $QS_{between}$ Alter | $QS_{within}$ |
| | | $(x_{gn}-,70)^2$ | | | |
| | | | | | |
| **Frauen** | | | | | |
| **– Jüngere** | | | $(,83-,70)^2$ | $(1,01-,70)^2$ | $(x_{gn}-1,13)^2$ |
| | 3 | 5,30 | ,02 | ,10 | 3,50 |
| | 3 | 5,30 | ,02 | ,10 | 3, 50 |
| | … | … | … | | … |
| **– Ältere** | | | $(,83-,70)^2$ | $(,41-,70)^2$ | $(x_{gn}-,4)^2$ |
| | 2 | 1,70 | ,02 | ,16 | 2,53 |
| | 1 | ,09 | ,02 | ,16 | ,35 |
| | -2 | 7,28 | ,02 | ,16 | 5,80 |
| | … | … | . | | … |
| **Männer** | | | | | |
| **– Jüngere** | | | $(,57-,70)^2$ | $(1,01-,70)^2$ | $(x_{gn}-,89)^2$ |
| | 2 | 1,67 | ,02 | ,10 | 1,24 |
| | 2 | 1,67 | ,02 | ,10 | 1,24 |
| | 3 | 5,26 | ,02 | ,10 | 4,47 |
| | … | … | … | | … |
| **– Ältere** | | | $(,57-,70)^2$ | $(,41-,70)^2$ | $(x_{gn}-,21)^2$ |
| | 2 | 1,67 | ,02 | ,16 | 3,19 |
| | -3 | 1,67 | ,02 | ,16 | 10,32 |
| | … | … | . | . | … |
| **QS** | | **1.513,56** | **5,62** | **54,11** | **1.453,83** |

Anmerkungen: QS = Summe der quadrierten Abweichungen, $\overline{x}$ = Gesamtmittelwert, $\overline{x}_g$ = Gruppenmittelwert, $x_{gn}$ = Beobachtungswert von Proband n aus Gruppe g.

**Tab. 24:** Berechnung der Streuung bei zweifaktorieller Varianzanalyse

Um eine aussagefähige (d. h. vom Stichprobenumfang unabhängige) Größe für die Streuung zu erhalten, müssen die Summen der quadrierten Abweichungen wiederum durch die Zahl der Freiheitsgrade geteilt werden. Für die Gesamtvarianz ergibt sich $(QS_{total} / (N-1)) = 1.513,56 / (454-1) = 3,34$. Die erklärte Varianz wird nun getrennt für beide Faktoren berechnet. Für das Geschlecht ergibt sich $(QS_{between, Geschlecht} / (G-1)) = 5,62 / (2-1) = 5,62$ und für das Alter $(QS_{between, Alter} / (G-1)) = 54,11 / (2-1) = 54,11$. Die nicht erklärte Varianz beträgt $(QS_{within} / ((N_{Frauen, jünger}-1)+(N_{Frauen, älter}-1)+ ((N_{Männer, jünger}-1)+(N_{Männer, älter}-1)) = 1.453,83 / ((131-1)+(93-1)+(122-1)+(108-1)) = 3,23$.

Berücksichtigt man mehr als eine unabhängige Variable, erlaubt es die Varianzanalyse neben dem isolierten Einfluss dieser Größen (= **Haupteffekte**) auch zu prüfen, ob die unabhängigen Variablen interagieren, also gemeinsam die abhängige Größe beeinflussen (= **Interaktionseffekte**). In unserem Beispiel lässt sich vermuten, dass es gerade jüngere Frauen sind, die gerne Mixgetränke trinken, während ältere Männer von diesen am wenigsten überzeugt sind. Sollte dies der Fall sein, so müsste auch die Interaktion aus den Variablen „Geschlecht“ und „Alter“ einen entsprechenden Teil der Streuung der Einstellung zu Mixgetränken erklären. Die erklärte Streuung setzt sich demnach dann aus den zwei Haupteffekten (Alter, Geschlecht) und dem Interaktionseffekt (Abhängigkeit des Alterseffekts vom Geschlecht bzw. Abhängigkeit des Geschlechtseffekts vom Alter) zusammen. Wir wollen an dieser Stelle jedoch darauf verzichten, die Berechnung der quadrierten Abweichungen und der Varianz darzustellen (vgl. bspw. Bortz/Schuster 2010, S. 238 ff.).

## 2.4 Güteprüfung

Bisher haben wir nur Mittelwerte berechnet und verglichen. In einem nächsten Schritt gilt es nun, die Güte der Ergebnisse zu prüfen. Zunächst sollte die statistische Signifikanz des Einflusses der unabhängigen Variablen (Faktoren) auf die abhängige Variable geprüft werden. Anschließend kann auch die Stärke dieses Einflusses quantifiziert werden. Für beide Prüfschritte nutzen wir die Ergebnisse der Streuungszerlegung.

### 2.4.1 Statistische Signifikanz

Ob der Einfluss der unabhängigen Variablen auf die abhängige Variable statistisch signifikant ist, d. h. ob der Unterschied zwischen den Gruppen nicht nur zufälliger Natur ist, lässt sich für jede unabhängige Variable (z. B. Alter, Geschlecht) mit Hilfe des **F-Tests** überprüfen. Er testet die Nullhypothese (vgl. Kap. 1.5.3), dass sich die

Gruppen der jeweiligen unabhängigen Variablen nicht voneinander unterscheiden. Zunächst ist der **empirische F-Wert** zu berechnen (vgl. Kap. 1.5.3). Anschließend vergleicht man diesen mit dem theoretischen F-Wert. Wie Tab. 25 zeigt, ist der empirische F-Wert der Quotient aus erklärter und nicht erklärter Varianz.

| **Allgemein** | |
|---|---|
| **Empirischer F-Wert** | $F_{emp} = \frac{MS_{between}}{MS_{within}} = \frac{\frac{QS_{between}}{G-1}}{\frac{QS_{within}}{\sum_{g=1}^{G}(N_g - 1)}}$ |
| **Beispiel** | |
| **Geschlecht** | $F_{emp} = \frac{\frac{5{,}62}{2-1}}{\frac{1.453{,}83}{(131-1)+(93-1)+(122-1)+(108-1)}} = 1{,}74$ |
| **Alter** | $F_{emp} = \frac{\frac{54{,}11}{2-1}}{\frac{1.453{,}83}{(131-1)+(93-1)+(122-1)+(108-1)}} = 16{,}75$ |

**Tab. 25:** Empirische F-Werte

Den **theoretischen F-Wert** übernimmt man aus Tabellen der F-Verteilung, die in jedem einschlägigen Statistik-Lehrbuch zumindest auszugsweise enthalten sind (z. B. Bortz/Schuster 2010, S. 602). Um die für die eigene Fragestellung relevante theoretische Größe zu ermitteln, muss man zunächst das Signifikanzniveau festgelegen, d. h. die Irrtumswahrscheinlichkeit, mit der die Nullhypothese abgelehnt wird, obwohl sie richtig ist (= $\alpha$-Fehler). Zumeist werden 5 % Irrtum toleriert, wonach wir uns auch in unserem Beispiel richten wollen. Der theoretische F-Wert muss daher aus der F-Tabelle mit der Vertrauenswahrscheinlichkeit von 95 % (= 1-$\alpha$) entnommen werden. Die Höhe dieses Prüfwertes richtet sich zudem nach der Zahl der Freiheitsgrade im Zähler und der Zahl der Freiheitsgrade im Nenner der Formel zur Berechnung des empirischen F-Wertes. In unserem Beispiel ergibt sich ein theoretischer F-Wert von 3,86 (vgl. Abb. 11).

$$F_{emp} = \frac{\frac{\dots}{2-1=1}}{\frac{\dots}{(131-1)+(93-1)+(122-1)+(108-1)=450}}$$

1 Freiheitsgrad im Zähler

450 Freiheitsgrade im Nenner

| df (Nenner) | df (Zähler) 1 | 2 | 2 |
|---|---|---|---|
| **5** | 6,61 | 5,79 | 5,41 |
| **10** | 4,96 | 4,10 | 3,71 |
| **100** | 3,94 | 3,09 | 2,70 |
| **125** | 3,92 | 3,07 | 2,68 |
| **150** | 3,90 | 3,06 | 2,66 |
| **175** | 3,90 | 3,05 | 2,66 |
| **200** | 3,89 | 3,04 | 2,65 |
| **250** | 3,88 | 3,03 | 2,64 |
| **300** | 3,87 | 3,03 | 2,63 |
| **400** | 3,86 | 3,02 | 2,63 |
| **450** | **3,86** | 3,01 | 2,62 |
| **500** | 3,86 | 3,01 | 2,62 |

Anmerkungen: 5 % Irrtumswahrscheinlichkeit, zweiseitige Testung.

**Abb. 11:** Ausschnitt der F-Verteilung

Übersteigt nun der empirische F-Wert den theoretischen F-Wert, darf man die Nullhypothese verwerfen. In diesem Fall würden sich die Gruppen signifikant voneinander unterscheiden oder anders ausgedrückt: Die unabhängige Variable beeinflusst die abhängige Variable. Ist der empirische F-Wert dagegen kleiner als die theoretische Größe, kann die Nullhypothese nicht abgelehnt werden. Während in unserem Beispiel der empirische F-Wert für die unabhängige Variable „Geschlecht“ den theoretischen Wert unterschreitet, ist der Wert für die Einflussgröße „Alter“ höher. Demnach kann die Nullhypothese, die besagt, dass sich jüngere nicht von älteren Personen unterscheiden, wenn es um deren Vorliebe für Mixgetränke geht, abgelehnt werden. Dagegen übt das Geschlecht keinen signifikanten Einfluss auf die abhängige Variable aus (vgl. Abb. 12). Wenn man die F-Tests mit einer Analysesoftware berechnet (z. B. SPSS), erhält man die exakte Irrtumswahrscheinlichkeit. Für die Variable Geschlecht beträgt sie p = ,196 (bzw. 19,6 %), bei der Variablen Alter p = ,00005 (bzw. 0,005 %). Die Interaktion der Variablen Alter und Geschlecht ist im Beispiel mit p = ,886 statistisch nicht signifikant.

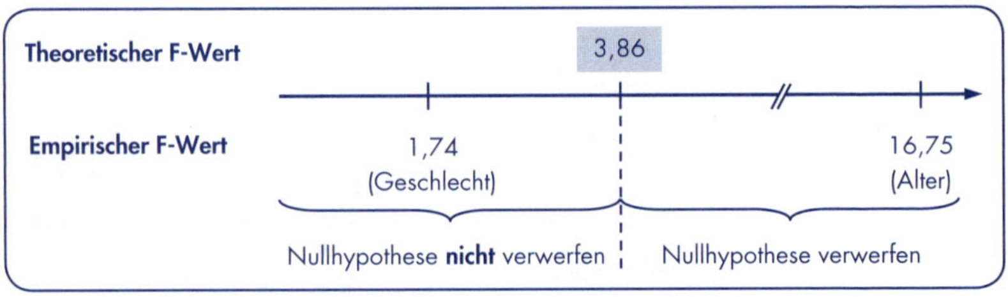


**Abb. 12:** Vergleich theoretischer und empirischer F-Wert

Marta Formula fasst folglich zusammen, dass zwar das Alter einen Einfluss auf die Einstellung gegenüber Mixgetränken hat, Differenzen zwischen Männern und Frauen existieren jedoch nicht. Eigentlich erschien ihr dieser angenommene Unterschied sehr plausibel und sie beginnt, an ihrer Analyse zu zweifeln: War es vielleicht gar nicht möglich, diesen Unterschied mit den vorliegenden Daten nachzuweisen? Ob der Test überhaupt statistische Signifikanz erreichen kann (**Teststärke**), hängt von mehreren Faktoren ab. Neben der Effektgröße in der Population (vgl. Kap. 2.4.2) und dem festgelegten Signifikanzniveau zählt dazu auch die Stichprobengröße bzw. die Besetzung der einzelnen Zellen (vgl. 1.5.3). Wie viele Probanden in jeder Zelle enthalten sein sollten, um auf die Grundgesamtheit schließen zu können, sollte möglichst vorab (a priori) mit sog. Power-Analysen bestimmt werden (vgl. dazu z. B. Sedlmeier/Renkewitz 2013, S. 448 ff.; Cohen 1988). Als sehr grobe Richtgröße geben Hair et al. (2014, S. 684) eine Mindestanzahl von $n = 20$ pro Zelle an. Dieser Wert ist relativ gering und reicht meist nur bei starken Effekten aus, um den Effekt statistisch absichern zu können. Im vorliegenden Beispiel ist jede Zelle mit ca. 100 Probanden besetzt, sodass die Teststärke sehr hoch ist.

## 2.4.2 Effektgröße

Für den Fall, dass ein statistisch signifikanter Effekt ermittelt werden konnte, lässt sich nun die Effektgröße als Maß für die Stärke des Einflusses bestimmen. Bei der Varianzanalyse ist das gebräuchlichste Maß **„Eta-Quadrat"** ($\eta^2$; vgl. Tab. 26). Wir werden später bei der Regressionsanalyse $R^2$ als Maß für die Stärke kennenlernen. Beide Maße folgen derselben Logik und sind gleich interpretierbar (wenn ein Faktor der Varianzanalyse nur zwei Stufen aufweist, liefert $R^2$ dieselbe Information wie $\eta^2$ (Sedlmeier/Renkewitz 2013, S. 470). Eta-Quadrat kann Werte zwischen null und eins annehmen. Je näher Eta-Quadrat an der oberen Grenze liegt, desto stärker ist der Effekt. Ein hoher Wert signalisiert daher einen hohen Anteil an erklärter Abweichung. Ein Wert von $\eta^2 = 1$ würde bedeuten, dass sich die Variation der abhängigen Variablen vollständig durch die unabhängige Variable erklären lässt. Wie in Tab. 26 dargestellt, berechnet sich Eta-Quadrat – anders als der F-Test, der auf Varianzen basiert – aus der Summe der quadrierten Abweichungen (Sedlmeier/Renkewitz 2013, S. 444). Für die beiden unabhängigen Variablen in unserem Beispiel können wir jeweils das partielle Eta-Quadrat ermitteln. Vergleicht man den Anteil der erklärten Streuung unserer unabhängigen Variablen „Geschlecht" und „Alter", zeigt sich, dass das Alter mit 3,6 % zwar nur gering, aber dennoch stärker als das Geschlecht (0,4 %) die Einstellung zu Mixgetränken beeinflusst. Da das Geschlecht keinen statistisch signifikanten Effekt ausübt, darf die Effektgröße aber nicht interpretiert werden. Es ist davon auszugehen, dass das Geschlecht in der Grundgesamtheit keinen Einfluss ausübt. Es muss darauf hingewiesen werden, dass viele Statistikprogramme anstelle von $\eta^2$ ein partielles $\eta^2$ ausgeben, das sich nicht auf die Gesamtvarianz ($QS_{total}$), sondern jeweils nur auf die Varianz bezieht, die nicht auf andere Effekte zurückgeführt werden kann. Damit ist das partielle $\eta^2$ höher als $\eta^2$.

| | |
|---|---|
| **Allgemein** | |
| **Eta-Quadrat** | $\eta^2 = \frac{QS_{between}}{QS_{total}}$ |
| **Beispiel** | |
| **Geschlecht** | $\eta^2 = \frac{5{,}623}{1.513{,}564} = {,}004$ (0,4%) |
| **Alter** | $\eta^2 = \frac{54{,}112}{1.513{,}564} = {,}036$ (3,6%) |

**Tab. 26:** Einflussstärke der unabhängigen Variablen

## 2.5 Interpretation

Marta Formulas Varianzanalyse ergab, dass sich die Einstellung gegenüber Mixgetränken zwischen den Altersgruppen unterscheidet. Die Varianzanalyse zeigt lediglich, ob sich die untersuchten Gruppen statistisch signifikant voneinander unterscheiden. Eine **Richtung des Effekts** wird nicht ermittelt. D. h. die Varianzanalyse zeigt nicht, ob die Einstellung von jüngeren oder älteren Konsumenten positiver ist. Deshalb empfiehlt es sich immer auch die Mittelwerte der Gruppen zu betrachten (vgl. Kap. 2.6).

Bei der Interpretation der Befunde ist zudem zu beachten, dass die Varianzanalyse nur ermitteln kann, ob überhaupt ein statistisch signifikanter Unterschied zwischen den untersuchten Gruppen vorliegt. Wenn in einem Faktor mehr als zwei Stufen variiert werden, kann jedoch mit dem F-Test der Varianzanalyse nicht bestimmt werden, wo dieser Unterschied liegt. Nehmen wir an, dass Marta Formula, die nun weiß, dass das Alter der Konsumenten eine Rolle spielt, herausfinden möchte, zwischen welchen Altersgruppen sie genau differenzieren sollte. Sie unterscheidet deshalb nicht nur zwei Altersgruppen, sondern vier Quartile (d. h. 4 Gruppen, die jeweils ca. 25 % der Fälle umfassen): Bis 24 Jahre, 25-27 Jahre, 28-37 Jahre und über 37 Jahre. Bei einer Varianzanalyse mit dieser Gruppierungsvariablen zeigt der F-Test statistisch signifikante Unterschiede: $F(3, 45) = 34{,}32$, $p \leq {,}001$. Doch dieses Ergebnis bedeutet nicht, dass sich alle vier Gruppen voneinander unterscheiden. Wir wissen lediglich, dass sich mindestens zwei der untersuchten Gruppen unterscheiden. Marta Formula möchte aber natürlich herausfinden, wie viele und welche Gruppen sich unterscheiden.

Um dies herauszufinden, sollten sog. **Post-hoc-Tests** durchgeführt werden. Die einfachste Variante wäre zwischen allen Gruppen paarweise t-Tests durchzuführen. Dass man nicht direkt von Anfang an mehrere t-Tests durchführt, liegt daran, dass man wie oben beschrieben eine Kumulierung des Fehlers erster Art vermeiden möchte. Nachdem die Varianzanalyse aber die Gruppenunterschiede global bestätigt hat, können diese Post-hoc-Tests durchgeführt werden. Marta Formula findet auf diesem Weg heraus, dass es zwischen den jüngeren drei Altersgruppen (bis 24, 25-27 und 28-37) keine statistisch signifikanten Mittelwertunterschiede hinsichtlich der Einstellung gegenüber Mixgetränken gibt. Alle drei Altersgruppen unterscheiden sich aber statistisch signifikant von der älteren Gruppe mit Probanden über 37 Jahren. Es gibt zahlreiche weitere Post-hoc-Tests (z. B. Scheffé-Test), die in gängiger statistischer Analysesoftware (wie SPSS) implementiert sind (vgl. bspw. Bühner/Ziegler 2017, S. 598 ff.). Post-hoc-Tests werden nach der eigentlichen Analyse durchgeführt und haben einen explorativen Charakter. Trifft der Forscher bereits vor der Auswertung Annahmen zu spezifischen Gruppenunterschieden kann er **A-Priori-Kontraste** durchführen, bei denen er gezielt Gruppen vergleichen kann (vgl. bspw. Sedlmeier/Renkewitz 2013, S. 497 ff.).

## 2.6 Dokumentation für Praktiker

Wir haben bereits darauf hingewiesen, dass die Varianzanalyse lediglich prüft, ob sich verschiedene Gruppen in ihrer mittleren Tendenz bzgl. einer abhängigen Variablen voneinander unterscheiden. Die Varianzanalyse kann jedoch keine Richtung des Zusammenhangs bestimmen. Daher sollte man bei der Darstellung varianzanalytischer Ergebnisse darauf achten, die einzelnen Gruppen mit Hilfe deskriptiver Statistiken näher zu beschreiben. Sind es in unserem Beispiel wirklich Frauen oder Jüngere, die Mixgetränke mögen? Oder war unsere Vermutung falsch? Um hier die richtigen Schlussfolgerungen ziehen zu können, bietet es sich an, die Mittelwerte der Gruppen abzubilden. Möchte man die Darstellung für eine Präsentation in der Unternehmenspraxis noch weiter vereinfachen, könnte man auch den Anteil der Zustimmenden abbilden (sog. Top Box oder Top 2 Box; vgl. Abb. 13). Wichtig ist hierbei aber auch ein Hinweis auf die statistische Signifikanz. Es darf nicht der Eindruck entstehen, dass aufgrund zufälliger deskriptiver Unterschiede in der Stichprobe zwischen Männern und Frauen auch in der Grundgesamtheit ein Unterschied besteht.

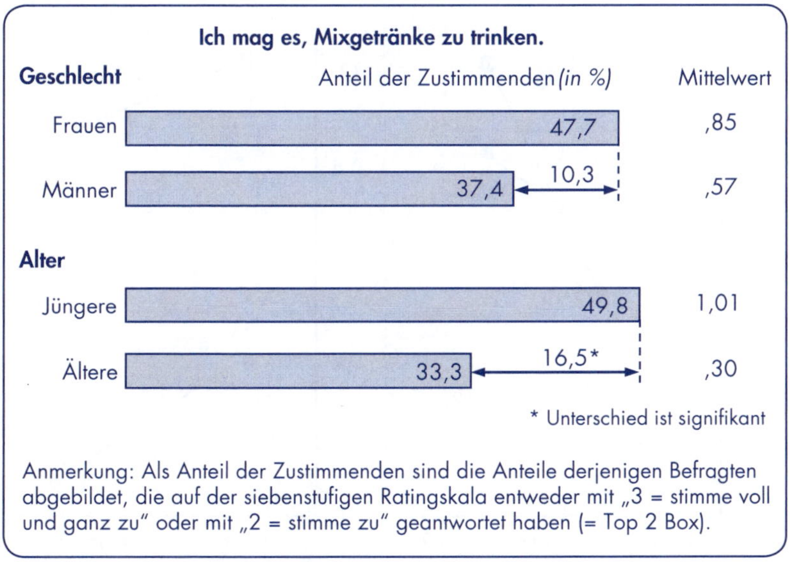


**Abb. 13:** Darstellung der Ergebnisse I

Gerade wenn man zwei oder mehr unabhängige Variablen berücksichtigt, eignen sich auch Grafiken, wie sie in Abb. 14 dargestellt sind. Am **Anstieg** der Geraden im Schaubild links lässt sich erkennen, welche Variable die abhängige Größe stärker beeinflusst. Es verwundert daher kaum, dass die Gerade für die Variable „Alter" in unserem Beispiel steiler ansteigt als jene für das Geschlecht. Dagegen kann man aus der Grafik rechts ablesen, ob ein Interaktionseffekt zwischen den unabhängigen Variablen besteht. Liegt eine Interaktion vor, so verlaufen die Geraden nicht **parallel** zueinander. In unserem Beispiel scheinen Geschlecht und Alter demnach nicht zu interagieren. Dies bestätigt auch die Irrtumswahrscheinlichkeit für diesen Interaktionseffekt: p = ,886 (vgl. Kap. 2.3.3). Das bedeutet, dass der Einfluss des Alters auf die Einstellung gegenüber Mixgetränken nicht vom Geschlecht abhängig ist. Bei Männern und Frauen gilt gleichermaßen, dass Jüngere eine positive Einstellung aufweisen. Das Grundniveau unterscheidet sich aber zwischen Männern und Frauen. In unserem Beispiel liegt keine Interaktion vor, sondern die Effekte des Geschlechts und des Alters addieren sich. Allerdings wissen wir ja bereits, dass der Geschlechtseffekt nur zufällig in der Stichprobe auftritt und nicht auf die Grundgesamtheit übertragen werden kann, sodass faktisch nur ein Alterseffekt vorliegt.

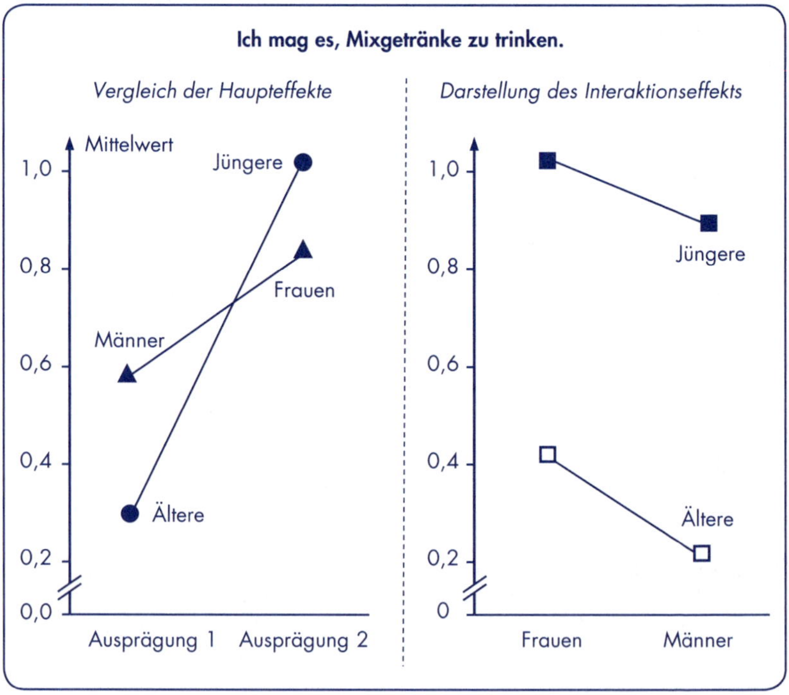


**Abb. 14:** Darstellung der Ergebnisse II

## 2.7 Ausblick auf verwandte Verfahren

Die Varianzanalyse ist eines der wichtigsten multivariaten Verfahren und es gibt zahlreiche Varianten und Erweiterungen. Wir führen an dieser Stelle nur die grundlegende ein- und mehrfaktorielle ANOVA ein. Als nicht-parametrische Variante, die der Forscher anstelle einer einfaktoriellen ANOVA einsetzen kann, wenn die erforderliche Datenqualität nicht gegeben ist, gilt der **Kruskal-Wallis-H-Test**. Wichtige Erweiterungen sind bspw. die multivariaten Varianzanalysen (**MANOVA**), bei denen mehrere abhängige Variablen gleichzeitig getestet werden (vgl. bspw. Bortz/Schuster 2010). Häufiger kommen darüber hinaus auch Varianzanalysen mit Messwiederholungen zum Einsatz, bei denen die abhängige Variable zu mehreren Zeitpunkten gemessen wird und die Messzeitpunkte als weiterer Faktor eingehen (Bortz/Schuster 2010). Bei einer Kovarianzanalyse (**ANCOVA**) werden zusätzlich metrisch skalierte Variablen als unabhängige Variablen in die Analyse aufgenommen. Dies ist insb. nützlich, wenn der Forscher den Einfluss von Störvariablen kontrollieren möchte. Beispielsweise könnte man bei einem Feldexperiment, bei dem der Einfluss verschiedener Werbeanzeigen (UV) auf die Einstellung gegenüber dem neuen Mixgetränk getestet wird, die verzerrende Wirkung des Wetters an verschiedenen Versuchstagen kontrollieren (Shadish et al. 2001). Schließlich sollte noch darauf hingewiesen werden, dass sich mehrere der besprochenen Verfahren (t-Test, ANOVA, lineare Regressionsanalyse) aus derselben grundlegenden Logik ableiten lassen und deshalb als Spezialfälle eines sog. **Allgemeinen Linearen Modells** (ALM bzw. Generalized Linear Model, GLM) verstanden werden können (mehr dazu z. B. bei Fox 2015; Sedlmeier/Renkewitz 2013, S. 609 ff.; Bortz/Schuster 2010, S. 363 ff.; Cohen et al. 2003).

All diese Verfahren (ANOVA, ANCOVA, MANCOVA) sind verwandt und behandeln ähnliche Fragestellungen. Ein typischer Anwendungsfall für die Varianzanalyse ist die Auswertung von **Experimenten**. Wie in dem in Abb. 15 dargestellten Leitfaden von Eschweiler et al. (2007, S. 553) illustriert, werden die verschiedenen Varianten der Varianzanalyse in einem bestimmten Ablauf eingesetzt.

Nehmen wir an, dass Marta Formula die Rezeptur ihres Mixgetränkes durch ein Experiment optimieren möchte. Sie führt ein zweifaktorielles Design durch (3x3, d. h. jede unabhängige Variable hat drei Ausprägungen), bei dem sie als ersten Faktor die Menge an Kokosraspeln (ohne/wenig/viel) und als zweiten Faktor die Süße (ohne/wenig/viel zusätzlichen Zucker) variiert. Als abhängige Variablen betrachtet sie nicht nur, wie Probanden den Geschmack beurteilen, sondern auch die Bekömmlichkeit und die Frische. Ein Kooperationspartner ermöglicht ihr, die Untersuchung direkt in seinem Supermarkt, d.h. am Point of Sale, durchzuführen. Marta Formula weiß, dass es bei einem solchen Feldexperiment wichtig ist, auch Störvariablen (z.B. die Raumtemperatur) mit zu erfassen (vgl. Kap. 1.3.3.3).

Die Auswertung würde nun folgendermaßen ablaufen. Zunächst wird mit Hilfe einer **MANCOVA** (einer multivariaten Kovarianzanalyse) geprüft, ob die experimentelle Manipulation auf die abhängigen Variablen einen Effekt ausübt. Die Raumtemperatur wird dabei als Kovariate mit in die Analyse eingeschlossen, um störende Effekte herauszurechnen. Zunächst interessieren bei der Interpretation die Interaktionseffekte zwischen den beiden experimentellen Faktoren, anschließend wird auf Haupteffekte beider Faktoren geachtet. Falls diese globale Analyse statistisch signifikante Effekte aufzeigt, werden die abhängigen Variablen im Rahmen von mehreren **ANCOVA** untersucht. Nehmen wir an, dass sich dabei ein statistisch signifikanter Effekt der Menge an Kokosraspeln auf den Geschmack zeigt. Marta Formula weiß nun nur, dass sich mindestens zwei Gruppen unterscheiden, sie weiß jedoch nicht, zwischen welchen Gruppen Unterschiede bestehen. Deshalb müsste sie im Anschluss an den Signifikanztest der Varianzanalyse explorativ **Post-hoc-Tests** durchführen. Bei dieser Analyse könnte sie bspw. ermitteln, dass sich das Geschmacksurteil bei wenigen Kokosraspeln sowohl von jenem bei keinen und jenem bei vielen unterscheidet. Der Vergleich der Höhe der Mittelwerte des Geschmacksurteils könnte zeigen, dass es empfehlenswert ist, wenige Kokosraspeln beizumischen. Hätte Marta Formula schon vor der Auswertung diese Annahme gehabt, hätte sie gezielt sog. **A-Priori-Kontraste** definieren und diesen Zusammenhang hypothesengeleitet prüfen können.

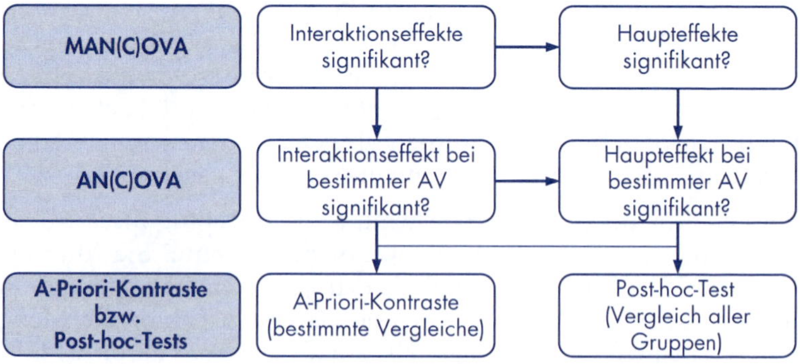


*Quelle: in Anlehnung an Eschweiler et al. (2007), S. 553.*

**Abb. 15:** Leitfaden zur Prüfung von experimentellen Untersuchungen

## 2.8 Literaturempfehlungen

Backhaus, K., Erichson, B., Plinke, W., & Weiber, R. (2015). *Multivariate Analysemethoden: Eine anwendungsorientierte Einführung* (14. Aufl.). Berlin: Springer, Kap. 3, S. 174-213.

Bortz, J., & Schuster, C. (2010). *Statistik für Human- und Sozialwissenschaftler* (7. Aufl.). Wiesbaden: Springer, Teil II, S. 203-336.

Eschweiler, M, Evanschitzky, H., & Woisetschläger, D. (2007). Ein Leitfaden zur Anwendung varianzanalytisch ausgerichteter Laborexperimente. *WiSt–Wirtschaftswissenschaftliches Studium, 12,* S. 547-554.

Sedlmeier, P., & Renkewitz, F. (2013). *Forschungsmethoden und Statistik. Ein Lehrbuch für Psychologen und Sozialwissenschaftler* (2. Aufl.). München: Pearson.

Shadish, W. R., Cook, T. D., & Campbell, D. T. (2001). *Experimental and Quasi-Experimental Designs for Generalized Causal Inference* (2nd ed.). Boston: Cengage Learning.

## 2.9 Lernhilfen

### 2.9.1 Kontrollfragen

1. Ergänzen Sie die Lückentexte.

   Je nach Anzahl der abhängigen und unabhängigen Variablen lassen sich verschiedene Formen der Varianzanalyse einsetzen. Möchte man den Einfluss mehrerer unabhängiger Variablen auf eine abhängige Variable untersuchen, verwendet man die ........................................... Im Falle mehrerer abhängiger Variablen greift man auf die .................................... zurück.
2. Zu welchem Zweck wird der F-Test im Rahmen der Varianzanalyse eingesetzt? Erläutern Sie die Logik des F-Tests.
3. Erklären Sie, unter welchen Voraussetzungen sich die einfaktorielle ANOVA als Testverfahren eignet.
4. Welche der im Folgenden aufgeführten Aussagen sind richtig?

   ☐ Wenn der Levene-Test zu einem nicht-signifikanten Ergebnis führt, liegt keine Varianzhomogenität vor.

   ☐ Aus einer Variable werden drei Gruppen gebildet und deren Einfluss auf eine abhängige Variable untersucht. Der F-Test führt zu einem signifikanten Ergebnis. Dies lässt den Schluss zu, dass die Mittelwerte in den drei Gruppen gleich groß sind.

- ☐ Der t-Test (für unabhängige Stichproben) lässt sich nur für Designs mit einer abhängigen und einer unabhängigen Variablen mit 2 Fallgruppen anwenden.
- ☐ Ein Interaktionseffekt liegt dann vor, wenn die Wirkung einer unabhängigen Variablen auf die abhängige Variable von der Ausprägung einer anderen unabhängigen Variablen abhängt.

### 2.9.2 Vernetzungsaufgaben

Untersuchen Sie anhand der Varianzanalyse, inwiefern das Geschlecht die Einstellung zu Mixgetränken beeinflusst.

1. Prüfen Sie zunächst, ob die Variable „mix1" („Ich mag es, Mixgetränke zu trinken.") die Voraussetzung der Varianzhomogenität erfüllt.
2. Berechnen Sie nun zunächst die Mittelwerte, die Männer und Frauen für die Variable „mix1" aufweisen.
3. Rechnen Sie nun eine einfache Varianzanalyse und prüfen Sie die Güte der Analyse mit dem F-Test.
4. Zusätzlich zum Geschlecht soll nun noch das Alter als weitere unabhängige Variable in die Analyse einfließen. Da die unabhängigen Variablen nominal skaliert sein müssen, muss die metrisch skalierte Variable „Alter" zunächst umkodiert werden.

   Transformieren Sie die Variable „Alter" anhand des Medians (25 Jahre) in zwei Gruppen: 1 = bis 25 Jahre, 2 = älter als 25 Jahre. Berechnen Sie den Mittelwert für den Fall, dass das Geschlecht und das Alter gleichzeitig als unabhängige Variablen und die Variable „mix1" als abhängige Variable betrachtet werden.

**Den Datensatz für eigene Berechnungen** finden Sie auf www.vahlen.de bzw. dem QR-Code:

# Faktorenanalyse

# 3

## 3.1 Ziel

**Fallbeispiel Limonatik**
Marta Formula möchte sich noch etwas detaillierter mit der Einstellung gegenüber Marken im Allgemeinen auseinandersetzen. Im Fragebogen wurden insgesamt 13 Items zur Operationalisierung dieses für die Marketing-Forschung zentralen Konstruktes herangezogen. Diese Items erfassen inhaltlich unterschiedliche Aspekte und Marta Formula fragt sich deshalb, ob die einzelnen Aussagen geeignet sind, gemeinsam die Einstellung zu Marken zu messen. Sie könnte sich vorstellen, dass sich einzelne Variablen bündeln und als Facetten der Einstellung betrachten lassen. Sie weiß, dass sich für diese Fragestellungen eine Faktorenanalyse eignet. Sie möchte diese aber nicht nur aus Interesse an einem tieferen Verständnis des Konstruktes durchführen, sondern auch weil sie weiß, dass die Einstellung zu Marken als Zielgröße in andere Analysen einfließen soll und dazu die 13 Variablen verdichtet werden müssen, um weiterrechnen zu können.

**Bei der Faktorenanalyse sind folgende Fragen zu klären:**

- *Passen mehrere Aussagen, die in einem Fragebogen zur Messung eines Konstruktes (z. B. Einstellung zu Marken) erfasst wurden, zusammen?*
- *Lässt sich die Vielzahl an Ausgangsvariablen zu wenigen Faktoren verdichten?*
- *Wie ist die Güte der gebildeten Faktoren zu bewerten?*

Wir haben in Kapitel 1 besprochen, dass es sinnvoll ist, jedes Konstrukt über mehrere Items zu messen, um die Validität und Reliabilität der Messung zu erhöhen. Durch die Vielzahl der eingesetzten Items, die zur Operationalisierung herangezogen werden, entsteht eine große Datenkomplexität. Der Forscher sollte zunächst prüfen, ob alle Fragen und/oder Aussagen, die er zur Messung des Konstruktes einsetzte, tatsächlich dasselbe Konstrukt messen und ob nicht etwa manche Items auch Indikatoren eines anderen Konstruktes sein könnten (vgl. Kap. 1.3.3). Hierzu eignet sich die Faktorenanalyse. Mit ihrer Hilfe lassen sich Merkmale auf **„Hintergrundvariablen"**, auch Faktoren genannt, verdichten. Diese sollen den zugrundeliegenden Prozess widerspiegeln, der hohe Korrelationen zwischen den Ausgangsvariablen verursacht. Dabei sollte jede Ausgangsvariable möglichst genau einem Faktor zugeordnet werden. Die Faktorenanalyse ermöglicht es somit, die **Datenvielfalt** auf nicht redundante Inhalte zu **reduzieren** und das Prinzip der Sparsamkeit einzuhalten.

In der Beispieluntersuchung von Marta Formula enthält der Fragebogen dreizehn Aussagen, die geeignet sind, die **Einstellung gegenüber Marken** zu messen (vgl. Tab. 27). Die Probanden wurden gebeten, ihre Meinung zu jedem Item auf einer siebenstufigen Skala anzugeben („-3" = „lehne voll und ganz ab" bis „+3" = „stimme voll und ganz zu").

| Item | Wortlaut |
|---|---|
| $x_1$ | Für besondere Qualität gebe ich gern etwas mehr aus. |
| $x_2$ | Manchmal leiste ich mir ganz bewusst die beste Qualität. |
| $x_3$ | Ob ich etwas kaufe oder nicht, entscheide ich in erster Linie nach dem Preis. |
| $x_4$ | Ich bin immer auf der Suche nach Billigangeboten. |
| $x_5$ | Markenprodukte sind qualitativ besser als markenlose Ware. |
| $x_6$ | Markenprodukte sind zwar teurer als andere Produkte, dafür aber auch besser. |
| $x_7$ | Bei vielen Produkten kaufe ich immer nur eine bestimmte Marke. |
| $x_8$ | Wenn ich mit einer Marke zufrieden bin, bleibe ich auch dabei. |
| $x_9$ | Ich wähle meistens die teuren Marken aus. |
| $x_{10}$ | Die bekannten Markenprodukte sind die besten. |
| $x_{11}$ | Je höher der Preis eines Produktes ist, desto besser ist dessen Qualität. |
| $x_{12}$ | Ich achte darauf, das beste Preis/Leistungs-Verhältnis zu bekommen. |
| $x_{13}$ | Ein Produkt muss nicht perfekt oder das Beste sein, um mich zufriedenzustellen. |

**Tab. 27:** Operationalisierung Konstrukt „Einstellung gegenüber Marken"

Im Folgenden wird gezeigt, wie sich diese Variablen durch eine Faktorenanalyse auf die zugrundeliegenden Dimensionen (Faktoren) reduzieren lassen (vgl. Abb. 16). Statistisch ausgedrückt werden die Faktoren so abgeleitet, dass sie unkorreliert sind (r = ,000), also nicht zusammenhängen. Bildlich kann man sich dies wie die orthogonal zueinander stehenden Dimensionen in einem Koordinatensystem vorstellen. Um Verwirrungen zu vermeiden, muss noch darauf hingewiesen werden, dass der Begriff Faktor bei der Faktorenanalyse (Faktor = metrisch skalierte Hintergrundvariable) anders verwendet wird als bei der Varianzanalyse (Faktor = nominal-skalierte unabhängige Variable).

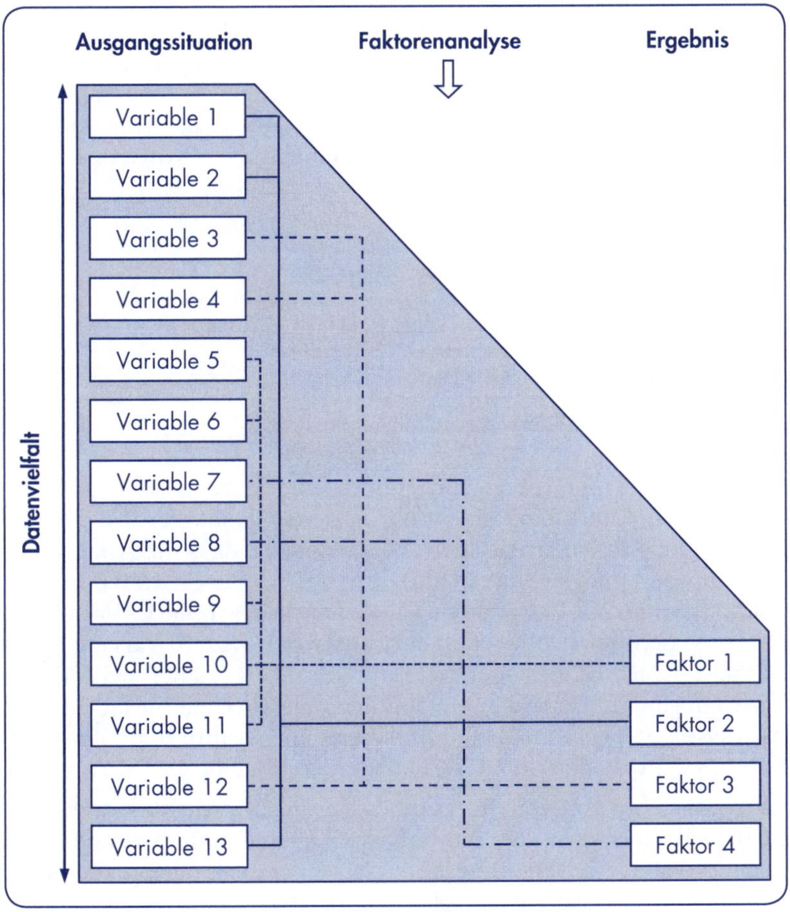


**Abb. 16:** Reduktion der Datenvielfalt mit Hilfe der Faktorenanalyse

Bei der hier besprochenen **explorativen Faktorenanalyse** geht der Forscher empiriegeleitet, d.h. induktiv, vor. Er stellt a priori keine

Hypothesen über die Faktorenstruktur auf. Die in diesem Buch nicht behandelte konfirmatorische Faktorenanalyse prüft hingegen eine a priori aufgestellte Faktorenstruktur, was einem deduktiven Vorgehen entspricht.

## 3.2 Voraussetzungen

Bei der Faktorenanalyse handelt es sich um eine **Interdependenzanalyse** (Hair et al. 2014, S. 13). Es werden also wechselseitige Abhängigkeiten untersucht und die in die Analyse einbezogenen Variablen nicht in abhängige und unabhängige Größen unterschieden. Bevor Marta Formula eine Faktorenanalyse anwenden kann, muss sie prüfen, ob sich die Variablen überhaupt dafür eignen. Man nutzt im Regelfall Variablen auf **metrischem** Skalenniveau für die Faktorenanalyse (vgl. Tab. 28). Nicht-metrische Variablen können jedoch als Dummy-Variable (0/1; vgl. Kap. 4.3.4) eingeschlossen werden (Hair et al. 2014, S. 99).

| | |
|---|---|
| **Art der Analyse** | Interdependenzanalyse |
| **Anzahl Variablen** | Mehrere (keine Einteilung in UV und AV) |
| **Skalenniveau** | Metrisch |

**Tab. 28:** Kurzcharakterisierung der Faktorenanalyse

Bezüglich der **Stichprobengröße** gibt es keine klaren Vorgaben. MacCallum et al. (2001) empfehlen, mindestens 40 Fälle (Probanden) zu betrachten. Als Faustregel nennen sie zudem, dass die Anzahl der Fälle mindestens vier Mal so groß sein soll wie die Anzahl der Variablen. In unserem Beispiel betrachtet Marta Formula 13 Variablen, d. h. die Stichprobe sollte nach der Faustregel (Anzahl Variablen * 4) mindestens $n \geq 52$ betragen, was hier mit $n = 471$ auch der Fall ist. Viele Forscher fordern aber ein deutlich höheres Fälle-Variablen-Verhältnis (Hair et al. 2014, S. 100). Wenn die Kommunalitäten (vgl. Kap. 3.3.2) hoch sind, können auch kleinere Stichproben ausreichen.

Es ist nur dann sinnvoll, Items zu Faktoren zu verdichten, wenn die Items neben der vermuteten inhaltlichen auch eine statistische Nähe zueinander aufweisen. Betrachten wir hierzu zunächst die **Ausgangsdaten** in unserem Beispiel. Die in Tab. 29 dargestellte Matrix enthält in den Zeilen die Antworten der Probanden, in den Spalten sind die Variablen aufgelistet. Die Ausgangsdatenmatrix zeigt also für jeden Befragten, inwieweit dieser der jeweiligen Aussage auf einer Skala von -3 bis +3 zustimmt. Aus der Matrix lässt sich schon auf den ersten Blick ablesen, dass die Items $x_3$ und $x_4$ auf der vorgegebenen Skala ähnlich beurteilt wurden. Dabei ist es nicht entscheidend, ob die Items dieselben Werte aufweisen, sondern ob sie „gemeinsam variieren", d. h. jede Person, die dem einen Merkmal stark zustimmt, bejaht auch das andere (positiver Zusammenhang) oder lehnt die andere Aussage ab (negativer Zusammenhang). So lehnt Person 3 sowohl Item $x_3$ als auch Item $x_4$ leicht ab, während Person 4 beiden Items stark zustimmt. Zwischen $x_3$ und $x_4$ besteht somit vermutlich eine positive Korrelation.

| | $x_1$ | $x_2$ | $x_3$ | $x_4$ | $x_5$ | $x_6$ | $x_7$ | $x_8$ | $x_9$ | $x_{10}$ | $x_{11}$ | $x_{12}$ | $x_{13}$ |
|---|---|---|---|---|---|---|---|---|---|---|---|---|---|
| Person 1 | 1 | 1 | -1 | -1 | -2 | 0 | -2 | 1 | -2 | -2 | -2 | 3 | 1 |
| Person 2 | 2 | 2 | -1 | 0 | 1 | 1 | 2 | 3 | -3 | -3 | -3 | 2 | -1 |
| Person 3 | 3 | 1 | -1 | -2 | 0 | 0 | -1 | 2 | -1 | -2 | -1 | 3 | 1 |
| Person 4 | 2 | 2 | 3 | 3 | 2 | 2 | 2 | 1 | 1 | 1 | 1 | 2 | 2 |
| Person 5 | 1 | 2 | 1 | -1 | 1 | 2 | 0 | 1 | 0 | 0 | -1 | 2 | 1 |
| ... | | | | | | | | | | | | | |

**Tab. 29:** Ausgangsdatenmatrix

Derartige (lineare) Zusammenhänge lassen sich für alle Item-Paare als Korrelation berechnen und in einer **Korrelationsmatrix** darstellen. Wenn Variablen stark miteinander korrelieren (d. h. der Betrag des Korrelationskoeffizienten r liegt nahe beim Maximalwert 1,00), hängen sie eng zusammen und können zu Faktoren zusammengefasst werden. In unserem Beispiel sind sehr viele Korrelationen statistisch signifikant (Irrtumswahrscheinlichkeit: $p \leq ,050$) und damit von null verschieden ($r <> ,00$; vgl. Tab. 30). Dies spricht dafür, dass die Variablen zu Faktoren verdichtet werden können.

Enthielte eine Korrelationsmatrix fast ausschließlich geringe Werte ($r < ,30$; Hair et al. 2014, S. 101), wären die Daten zu heterogen und die Variablen ließen sich nicht zu Faktoren zusammenfassen.

| | $x_1$ | $x_2$ | $x_3$ | $x_4$ | $x_5$ | $x_6$ | $x_7$ | $x_8$ | $x_9$ | $x_{10}$ | $x_{11}$ | $x_{12}$ |
|---|---|---|---|---|---|---|---|---|---|---|---|---|
| $x_1$ | | | | | | | | | | | | |
| $x_2$ | ,59** | | | | | | | | | | | |
| $x_3$ | -,29** | -,25** | | | | | | | | | | |
| $x_4$ | -,28** | -,23** | ,46** | | | | | | | | | |
| $x_5$ | ,17** | ,13** | -,11** | -,12 | | | | | | | | |
| $x_6$ | ,19** | ,13** | -,11* | -,11** | ,83** | | | | | | | |
| $x_7$ | ,23** | ,29** | -,11** | -,09** | ,18** | ,20** | | | | | | |
| $x_8$ | ,25** | ,24** | -,12** | -,12* | ,04 | ,07 | ,45** | | | | | |
| $x_9$ | ,37** | ,35** | -,33** | -,27** | ,41** | ,39** | ,30** | ,20** | | | | |
| $x_{10}$ | ,13** | ,08* | -,06 | -,06** | ,49** | ,51** | ,18** | ,13** | ,50** | | | |
| $x_{11}$ | ,14** | ,09* | -,12** | -,15 | ,42** | ,42** | ,10* | ,11** | ,49** | ,58** | | |
| $x_{12}$ | ,02 | ,06 | ,16** | ,17** | -,06 | -,04 | -,00 | ,00 | -,11** | -,07 | -,05 | |
| $x_{13}$ | -,21** | -,21** | ,15** | ,13** | -,14** | -,09* | -,19** | -,04 | -,24** | -,03 | -,04 | -,05 |

Anmerkungen: Pearson-Produkt-Moment-Korrelation. Irrtumswahrscheinlichkeit: * $p \leq ,050$, ** $p \leq ,010$. Die Korrelation der oben diskutierten Variablen $x_3$ und $x_4$ ist blau unterlegt.

**Tab. 30:** Beobachtete Korrelationsmatrix

Neben dieser Augenscheinprüfung kann der **Bartlett-Test** (auch „Test auf Sphärizität") herangezogen werden, um zu prüfen, ob in der Korrelationsmatrix zumindest einige statistisch signifikante Korrelationen vorkommen. Dem Bartlett-Test liegt die Nullhypothese zugrunde, dass die Variablen in der Grundgesamtheit **nicht** korreliert sind (Bartlett 1934, S. 164f.). Dies entspräche einer Korrelationsmatrix von vollkommen unabhängigen Variablen, bei denen alle Korrelationen r = ,00 betragen. Diese Nullhypothese sollte verworfen werden, damit man davon ausgehen kann, dass in der Grundgesamtheit mehrere Ausgangsvariablen korrelieren und sich somit auch Faktoren finden lassen, die diese Korrelationen erklären können. Im konkreten Beispiel liefert der Bartlett-Test zwar ein hochsignifikantes Ergebnis ($p \leq ,001$). Allerdings muss beachtet werden, dass die Wahrscheinlichkeit, dass der Bartlett-Test ein signifikantes Ergebnis erzielt, mit steigender Stichprobengröße zunimmt. Zudem setzt der Bartlett-Test in der Grundgesamtheit normalverteilte Indikatoren voraus. Dies kann mit den in Kap. 1.5.5 beschriebenen Methoden (z. B. Kolmogorov-Smirnov-Test, P-P-Diagramm) geprüft werden.

Kaiser, Meyer und Olkin schlugen die Measure of Sampling Adequacy (MSA) als deskriptives Prüfkriterium für die Interkorrelation der Variablen vor (Hair et al. 2014, S. 102). Sie wird auch als

**KMO-Kriterium** bezeichnet und gibt einen weiteren Hinweis auf die Eignung der Variablen für die Faktorenanalyse. Der Wertebereich des KMO-Kriteriums liegt zwischen null und eins. Werte ab ,80 gelten als wünschenswert und ab ,50 als akzeptabel. Bei einem KMO-Wert unter ,50 sollte die Analyse hingegen nicht durchgeführt werden (Cureton/D'Agostino 1993; Kaiser 1970, 1974). Der KMO-Wert im Anwendungsbeispiel liegt bei ,76. Diese Voraussetzung kann damit als erfüllt betrachtet werden.

Die Measure of Sampling Adequacy kann nicht nur als KMO-Index für die gesamte Datenstruktur, sondern auch als **MSA-Wert** für jede einzelne Variable ausgewiesen werden. Das Kriterium gibt dann für jede Variable an, ob es sich für die Faktorenanalyse eignet oder nicht. In unserem Beispiel sind alle MSA-Werte größer als ,50. Auch diese Voraussetzung ist somit erfüllt.

Sollten die bisher behandelten Kriterien gegen eine Faktorenanalyse sprechen, kann der Forscher anhand der MSA-Werte einzelne **Variablen eliminieren**. Es empfiehlt sich, dabei schrittweise vorzugehen, d. h. jeweils nur ein Merkmal und zwar jenes mit dem geringsten MSA-Wert zu entfernen. Anschließend sollte man die Eignung der

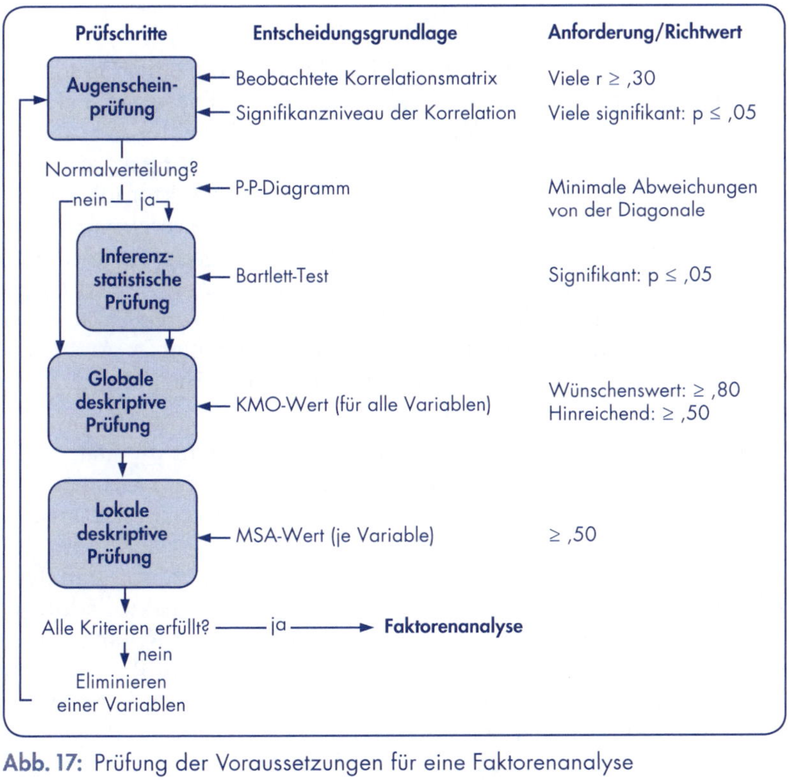


**Abb. 17:** Prüfung der Voraussetzungen für eine Faktorenanalyse

veränderten Korrelationsmatrix erneut bewerten, d.h. noch einmal mit der oben beschriebenen Prüfung der Voraussetzungen beginnen. Sind alle genannten Kriterien erfüllt, eignen sich die Daten für eine Anwendung der Faktorenanalyse. Alle Prüfschritte sind in Abb. 17 nochmals im Überblick dargestellt.

## 3.3 Durchführung

### 3.3.1 Grundprinzip

Mit Hilfe der Faktorenanalyse soll die in vielen Variablen enthaltene und teils übereinstimmende Information in wenigen Faktoren gebündelt werden. Mathematisch ausgedrückt wird zunächst die standardisierte Variable $x_j$ als Linearkombination mehrerer Faktoren dargestellt. Dabei steht J für die Anzahl der Variablen und j ist der Laufindex der Variablen. Die Ausprägung der Variable $x_j$ kann für jede Person (k) anhand der Faktoren folgendermaßen bestimmt werden:

$$x_{kj} = a_{j1} * f_{k1} + a_{j2} * f_{k2} + \ldots + a_{jq} * f_{kq} = \sum_{q=1}^{Q} a_{jq} * f_{kq}$$

Q gibt die Anzahl der Faktoren an. Die Ausprägung einer Person (k) auf einem Faktor (q) wird durch $f_{kq}$ beschrieben. Diese sog. **Faktorwerte** (vgl. Kap. 3.3.5) werden gewichtet über alle Faktoren aufsummiert. Die Gewichtung ist dabei die sog. **Faktorladung** $a_{jq}$, d.h. die Korrelation zwischen einer Variablen (j) und dem Faktor (q). Dieser Zusammenhang lässt sich in Matrizenschreibweise vereinfacht darstellten: $X = F * A'$. Dabei bezeichnet X die Ausgangsdatenmatrix, d.h. die Ausprägungen der Probanden (k) auf den Variablen (j). In der Matrix F erhält jeder Befragte (k) je Faktor (q) einen Faktorwert ($f_{kq}$). A' steht für die Inverse der Faktorladungsmatrix A. In der Matrix A wird jeder Variablen (j) pro Faktor (q) eine Faktorladung zugeordnet ($a_{jq}$).

In die Berechnung der Faktorenanalyse gehen nicht die Daten der einzelnen Probanden, sondern nur die Korrelationen zwischen den beobachteten Werten (Variablen) ein. D.h. die Korrelationsmatrix R (Anzahl der Variablen * Anzahl der Variablen) bildet den Input der Faktorenanalyse. Dem **Fundamental-Theorem** der Faktorenanalyse zufolge kann die Korrelationsmatrix R auf Basis der Faktorladungsmatrix (A) und der Korrelationsmatrix der Faktoren (C) abgebildet werden: $R = A * C * A'$. Die Faktorenanalyse basiert im Regelfall auf der Annahme, dass die Faktoren nicht miteinander korrelieren, weshalb das Fundamental-Theorem folgendermaßen verkürzt dargestellt werden kann: $R = A * A'$. Es wurde deutlich, dass die Faktorenanalyse auf Matrizenrechnung basiert, die wir an dieser Stelle aber nicht weiter vertiefen möchten. Der interessierte Leser sei auf Backhaus et al. (2015, S. 400 ff.), Tabachnick/Fidell (2014, S. 672 ff.) oder Bortz/ Schuster (2010, S. 385 ff.) verwiesen.

### 3.3.2 Kommunalität und Faktorextraktionsverfahren

Mehrere Faktoren sollen gemeinsam dazu beitragen, die Varianz einer Variablen zu erklären. Wie gut eine Variable durch die Faktoren abgebildet wird, gibt die **Kommunalität** ($h^2_j$) an. Sie kann Werte von 0 bis 1 annehmen und beschreibt den Anteil der beobachteten Varianz einer Variable, die sich durch die Gesamtheit aller Faktoren erklären lässt (0: Varianz der Variable wird nicht erklärt; 1: Varianz der Variable wird vollständig erklärt). Die Kommunalität berechnet sich als Summe der quadrierten Faktorladungen einer Variablen über alle Faktoren (vgl. Abb. 18; Bortz/Schuster 2010, S. 393):

$$h_j^2 = \sum_{q=1}^{Q} a_{qj}^2$$

Um die Faktoren rechnerisch zu extrahieren, stehen verschiedene Analysen zur Auswahl: Die wichtigsten sind die Hauptkomponenten-Analyse und die Hauptachsen-Analyse. Die beiden Methoden lassen sich mit Blick auf die Kommunalität voneinander abgrenzen. Der **Hauptkomponenten-Analyse** liegt die Annahme zugrunde, dass die extrahierten Faktoren die gesamte Varianz der Variablen erklären können (Hair et al. 2014, S. 105; Jolliffe 2002). Die Varianz einer standardisierten Variablen beträgt per Konvention eins. Diese Varianz wird im Rahmen der Faktoranalyse auf mehrere Faktoren aufgeteilt. Nutzt man alle potenziell extrahierbaren Faktoren, um eine Variable vorherzusagen, so würde wieder die gesamte Varianz der Variablen durch die Faktoren aufgeklärt werden. Die Kommunalitäten der Variablen können damit den Maximalwert von $h^2$ = 1 erreichen (entspricht 100 % erklärter Varianz). Dies wird auch als Ausgangssituation in der ersten Iteration der Berechnung der Faktorenanalyse angenommen. Erst nachdem wie in Kap. 3.3.3 beschrieben die Anzahl der Faktoren reduziert worden ist, verringert sich die Kommunalität.

Anwender der **Hauptachsen-Analyse** nehmen dagegen an, dass Variablen auch spezifische Varianz (d. h. nicht mit anderen Variablen geteilte, substanzielle Varianz) besitzen. Zudem können Messfehler vorliegen. Folglich können die Kommunalitäten den Maximalwert von 1 theoretisch gar nicht erreichen. Die Kommunalitäten werden deshalb bereits in der Ausgangssituation geschätzt und als geringer als 1 angenommen.

Beide Methoden unterscheiden sich letztlich nicht im Rechenverfahren, sondern „nur“ hinsichtlich der genannten Annahmen. Dies wird insb. bei der Interpretation der Faktoren deutlich: Ein über die Hauptachsen-Analyse ermittelter Faktor gilt als Ursache für die hohen Ladungen der Variablen auf diesen Faktor. Bei der Hauptkomponenten-Analyse wird dagegen die Beziehung zwischen Variable und Faktor nicht kausal, also nicht als Ursache-Wirkungs-Zusammenhang, interpretiert. Das Ziel ist vielmehr, möglichst viel der ursprünglichen Varianz der Variablen zusammenzufassen. Der Forscher sollte die Entscheidung zwischen den beiden Verfahren auf Basis des Untersuchungsziels und des Vorwissens über die Varianz der Variablen treffen (Hair et al. 2014, S. 105). Ist das Ziel, die Varianz der Variablen zusammenzufassen und kann davon ausgegangen werden, dass die Variablen viel gemeinsame Varianz (und damit wenig spezifische Varianz und Fehlervarianz) enthalten, so ist die Hauptkomponenten-Analyse vorzuziehen. Diese eignet sich dabei auch bei rein explorativen Untersuchungen. Gibt es vorab Annahmen über die Faktorenstruktur, so ist die Hauptachsen-Analyse realistischer und konservativer (i. S. v. geringeren Kommunalitäten und Faktorladungen). Wir nutzen im Folgenden die Hauptkomponenten-Analyse.

### 3.3.3 Eigenwert und Anzahl der zu extrahierenden Faktoren

Nun stellt sich die Frage, **wie viele Faktoren extrahiert werden sollen**. Maximal können so viele Faktoren ermittelt werden, wie Variablen in die Analyse eingegangen sind (in unserem Fall 13 Variablen). Dies würde jedoch dem Ziel der Faktorenanalyse widersprechen, nach dem eine Vielzahl von Variablen auf wenige (voneinander unabhängige) Faktoren reduziert werden soll, die einen möglichst großen Teil der Varianz der Variablen erklären (= geringer Informationsverlust). Um die optimale Anzahl zu bestimmen, stehen verschiedene Kriterien zur Verfügung.

Ein erstes Kriterium ist der **Eigenwert** (λ), der für jeden Faktor bestimmt wird. Hierzu werden die quadrierten Faktorladungen ($a^2$) des Faktors (q) über alle Variablen (J) aufaddiert. Der Eigenwert gibt folglich an, wieviel Varianz aller Variablen durch einen Faktor erfasst wird (Bortz/Schuster 2010, S. 393). Nicht zu verwechseln ist der Eigenwert mit der Kommunalität. Letztere wird ebenfalls aus der Summe der quadrierten Faktorladungen errechnet, jedoch nicht pro Faktor (= Spalte der Faktorladungsmatrix), sondern pro Variable (= Zeile der Faktorladungsmatrix, vgl. Abb. 18).

$$\lambda_q^2 = \sum_{j=1}^{J} a_{qj}^2$$

Die Varianz einer Variable beträgt im standardisierten Fall 1. Würde ein einzelner Faktor die Varianz aller Variablen perfekt erklären, so könnte er den Maximalwert des Eigenwertes von $\lambda_{max} = J$ erreichen, d. h. der Maximalwert entspricht der Anzahl der Variablen. Im Regelfall verteilt sich die erklärte Varianz aber auf mehrere Faktoren. Der erste erklärt dabei den größten Varianzanteil der Variablen, d. h. er hat den höchsten Eigenwert. Der zweite Faktor wird rechtwinklig (d. h. mit einer Korrelation von r = ,00) zum ersten gebildet und er extrahiert einen großen Teil der Restvarianz. Er besitzt damit den zweitgrößten Eigenwert. Nach diesem Muster werden weitere Faktoren abgeleitet.

Das so genannte **Kaiser-(Guttman-)Kriterium** (Guttman 1954) basiert auf der Annahme, dass nur Faktoren mit einem **Eigenwert** von mindestens eins ($\lambda \geq 1$) sinnvoll sind. Liegt der Wert unter eins, erklärt der Faktor nicht einmal so viel Varianz wie eine standardisierte Variable. Diese Kriterien sind in Abb. 18 dargestellt. In unserem Beispiel ist das Kriterium des Eigenwertes von $\lambda \geq 1$ für vier von 13 möglichen Faktoren erfüllt (d. h. es sollten vier Faktoren extrahiert werden).

| Variable | F1 | F2 | F3 | F4 | Kommunalität ($h^2$) |
|---|---|---|---|---|---|
| $x_1$ | ,548 | -,495 | ,086 | -,226 | **,604** |
| $x_2$ | ,501 | -,542 | ,177 | -,220 | **,625** |
| $x_3$ | -,422 | ,411 | ,520 | ,001 | **,617** |
| $x_4$ | -,409 | ,378 | ,544 | -,028 | **,607** |
| $x_5$ | ,692 | ,471 | ,017 | -,187 | **,736** |
| $x_6$ | ,694 | ,473 | ,046 | -,146 | **,728** |
| $x_7$ | ,459 | -,270 | ,464 | ,377 | **,641** |
| $x_8$ | ,355 | -,342 | ,404 | ,579 | **,742** |
| $x_9$ | ,776 | -,012 | -,065 | ,014 | **,607** |
| $x_{10}$ | ,647 | ,473 | ,052 | ,137 | **,664** |
| $x_{11}$ | ,619 | ,395 | -,071 | ,092 | **,552** |
| $x_{12}$ | -,115 | -,027 | ,574 | -,478 | **,573** |
| $x_{13}$ | ,302 | ,268 | -,110 | ,455 | **,383** |
| **Eigenwert (λ)** | **3,702** | **1,939** | **1,339** | **1,098** | **8,078** |

← *Die extrahierten Faktoren erklären gemeinsam 60,4% der Streuung der Variable $x_1$*

← *Summe der Eigenwerte der extrahierten Faktoren*

$$\frac{\lambda_1}{\Sigma_\lambda} = \frac{3{,}702}{13} = {,}285$$ ← *Faktor 1 erklärt 28,5% der beobachten Streuung aller Variablen*

Die Tabelle zeigt die Faktorladungen a. Eigenwert (**λ**) und Kommunalität (**h²**) berechnen sich über die Summe der quadrierten Ladungen (**a²**).

**Abb. 18:** Abgrenzung von Kommunalität und Eigenwert

Einen weiteren Hinweis liefert der **Scree-Test** (Cattell 1966). Stellt man die Eigenwerte aller möglichen Faktoren absteigend geordnet grafisch dar, ergibt sich eine degressiv fallende Kurve. Häufig vergleichen Autoren diese mit einem „Geröllhang", auf dem die Steine (= Streuung) solange zu Tal rollen, bis sie aufgrund des flachen Gefälles zum Liegen kommen. Tragen die restlichen Faktoren kaum mehr dazu bei, die bislang unerklärte Varianz zu beschreiben („Das Geröll rollt nicht weiter."), sollte man diese auch nicht extrahieren. Zu wählen ist die Zahl der Faktoren, nach der die Eigenwertkurve noch einmal merklich abfällt (= Elbow). Häufig lässt sich kein eindeutiger „Knick" finden. Dann kann man die Werte, die nahe an der x-Achse liegen, durch eine Gerade verbinden. Der erste Eigenwert, der deutlich nach oben von der Gerade abweicht, gehört nach dem Scree-Kriterium dem letzten zu extrahierenden Faktor an. Wie in der nachfolgenden Grafik erkennbar, führen Kaiser-Kriterium und Scree-Test in unserem Beispiel zum selben Resultat (vgl. Abb. 19). Auch nach dem Scree-Test sollten vier Faktoren extrahiert werden.

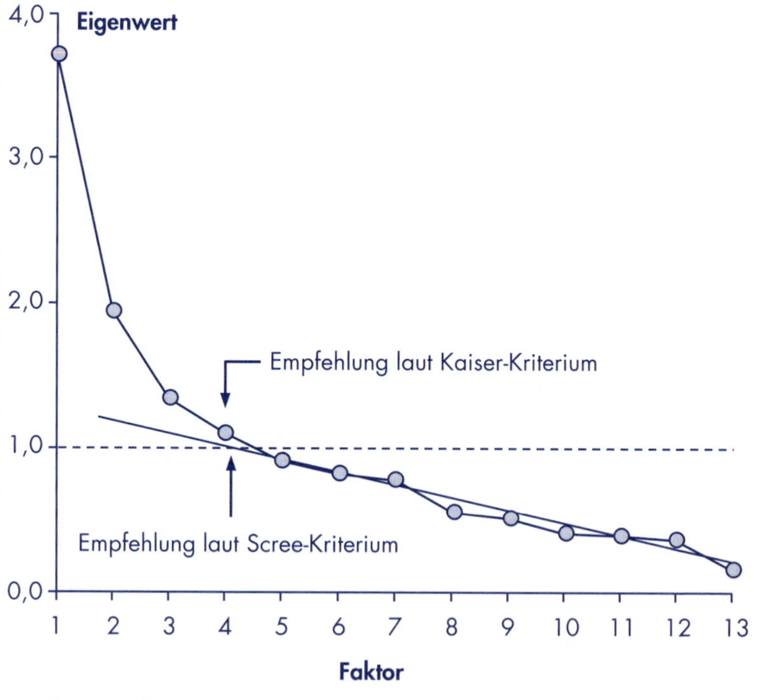


Quelle: Darstellung in Anlehnung an Backhaus et al. (2015), S. 417; Hair et al. (2014), S. 108.

**Abb. 19:** Ergebnis des Scree-Tests

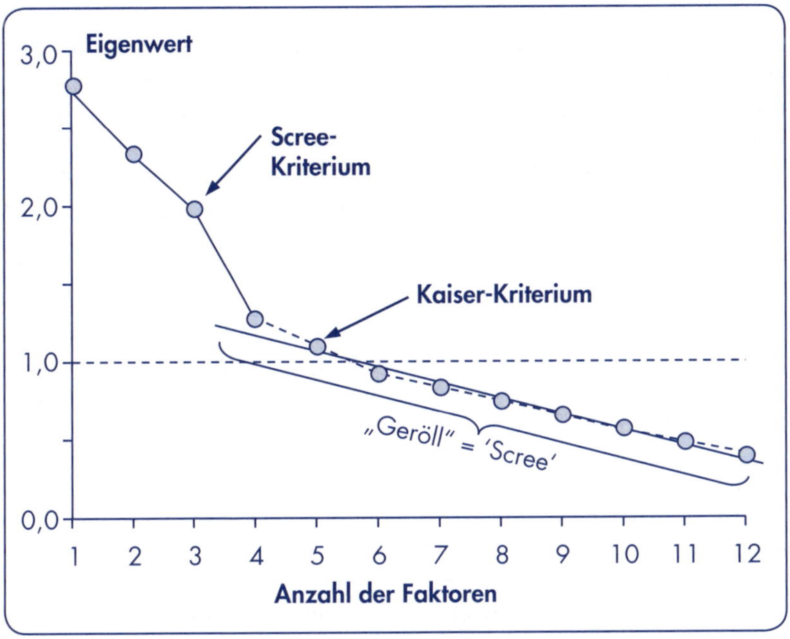


**Abb. 20:** Verwirrung um die optimale Zahl der Faktoren (fiktives Beispiel)

Wie das fiktive Beispiel in Abb. 20 veranschaulicht, können Kaiser- und Scree-Kriterium auch zu unterschiedlichen Ergebnissen kommen. Das Kaiser-Kriterium schlägt häufig mehr Faktoren vor als tatsächlich sinnvoll wären. Der visuellen Inspektion des Scree-Plots mangelt es dagegen manchmal an Eindeutigkeit. Um in derartigen Situationen eine Entscheidung treffen zu können, ist es ratsam, auch folgende Heuristiken bei der Faktorextraktion zu betrachten: Es sollten selbstverständlich nur Faktoren ausgewählt werden, auf denen mindestens zwei Variablen „hoch laden". Die Ladungen dieser Variablen sollten dabei nach der Rotation (vgl. Kap. 3.3.4) möglichst mindestens ,500 betragen.

### 3.3.4 Rotation

Eine Variable ist selbstverständlich dem Faktor zuzuordnen, zu dem sie am besten passt. Dies drückt sich durch die Höhe der Faktorladung (a), d. h. der Korrelation zwischen Faktor und Variable, aus. Oft können die Variablen aber nicht sofort einem Faktor eindeutig zugeordnet werden (vgl. die unrotierte Faktorladungsmatrix in Abb. 18). Dann empfiehlt es sich, die Faktoren zu rotieren, also ihre Position im Verhältnis zu den anderen Variablen zu verändern. Eine Rotation bedeutet, dass das Gesamtsystem der extrahierten Faktoren erhalten bleibt. Die Lage dieses Systems wird aber in Relation zu den Variablen verändert. Eine Rotation ist selbstverständlich nur möglich, wenn mehr als ein Faktor extrahiert wurde. Durch die Rotation ändern sich die Faktorladungen und die Eigenwerte der einzelnen Faktoren, die Gesamtgüte der Faktorenanalyse wird jedoch nicht beeinflusst. Nach der Rotation sollte idealerweise eine sog. Einfachstruktur vorliegen. Jede Variable sollte nur auf einen Faktor „hoch laden". Zudem sollten die Merkmale möglichst gleichmäßig auf die Dimensionen verteilt sein. Es stehen verschiedene Verfahren zur Faktorrotation zur Verfügung, die sich in orthogonale Verfahren und in oblique Verfahren aufteilen lassen (Hair et al. 2014, S. 111):

- **Orthogonale Faktorrotation** (z. B. Varimax-Verfahren, Quartimax-Verfahren): Bei der orthogonalen Rotation besteht die Annahme, dass die gebildeten Faktoren inhaltlich unabhängig voneinander sind. Diese Unabhängigkeit (d. h. eine Korrelation von r = ,00 zwischen den Faktoren) soll auch nach der Rotation erhalten bleiben. In einer grafischen Darstellung würden die Faktoren also senkrecht (orthogonal) aufeinander stehen.
- **Oblique Faktorrotation** (z. B. Oblim- bzw. Promax-Verfahren): Die oblique Rotation wird auch als schiefwinklige Rotation bezeichnet. In einer grafischen Darstellung würde damit die Annahme eines rechten Winkels zwischen den Faktoren aufgegeben werden. Anders ausgedrückt: Nach der Rotation können die ursprünglich unabhängigen Faktoren leicht korreliert sein. Das Grundprinzip der vollständigen Unabhängigkeit der Faktoren ist damit aufgehoben; dafür passen sich die Faktoren ggf. besser an in der Realität vorkommende Verhältnisse an (z. B. leichte Überlappung der Konstrukte „Meinungsführerschaft" und „Konsumenteninnovativität" oder „Marken- und Qualitätsbewusstsein") und sind besser interpretierbar.

In Marketing-Forschung und -Praxis sind Verfahren der orthogonalen Faktorrotation verbreiteter. Vor allem Varimax und Promax kommen häufig zum Einsatz. Wie in Tab. 31 dargestellt, minimiert das Varimax-Verfahren die Zahl der Faktoren, die hoch auf eine Variable laden. Die Interpretation der Faktoren wird dadurch erleichtert. Außerdem bleibt durch die rechtwinklige Rotation die Unabhängigkeit der Faktoren gewahrt.

| Variable | Faktor 1 | Faktor 2 | Faktor 3 | Faktor 4 |
|---|---|---|---|---|
| $x_1$: Für besondere Qualität gebe ich gern etwas mehr aus. | ,113 | **,678** | -,258 | ,254 |
| $x_2$: Manchmal leiste ich mir ganz bewusst die beste Qualität. | ,047 | **,702** | -,188 | ,307 |
| $x_3$: Ob ich etwas kaufe oder nicht, entscheide ich in erster Linie nach dem Preis. | -,058 | -,281 | **,731** | -,019 |
| $x_4$: Ich bin immer auf der Suche nach Billigangeboten. | -,068 | -,231 | **,741** | -,010 |
| $x_5$: Markenprodukte sind qualitativ besser als markenlose Ware. | **,840** | ,162 | ,004 | -,055 |
| $x_6$: Markenprodukte sind zwar teurer als andere Produkte, dafür aber auch besser. | **,841** | ,141 | ,018 | -,012 |
| $x_7$: Bei vielen Produkten kaufe ich immer nur eine bestimmte Marke. | ,164 | ,199 | ,022 | **,758** |
| $x_8$: Wenn ich mit einer Marke zufrieden bin, bleibe ich auch dabei. | ,028 | ,043 | -,069 | **,857** |
| $x_9$: Ich wähle meistens die teureren Marken aus. | **,586** | ,308 | -,330 | ,244 |
| $x_{10}$: Die bekannten Markenprodukte sind die besten. | **,793** | -,070 | -,030 | ,172 |
| $x_{11}$: Je höher der Preis eines Produktes, desto besser ist die Qualität. | **,723** | -,038 | -,140 | ,094 |
| $x_{12}$: Ich achte darauf, das beste Preis/Leistungs-Verhältnis zu bekommen. | -,081 | ,429 | **,616** | -,059 |
| $x_{13}$: Ein Produkt muss nicht perfekt oder das Beste sein, um mich zufrieden zu stellen. | -,081 | **-,611** | ,008 | ,057 |

Anmerkung: Faktorladungen a ≥ ,500 sind blau unterlegt und fett hervorgehoben.

**Tab. 31:** Faktorladungsstruktur (bei Varimax-Rotation, 13 Items)

### 3.3.5 Faktorwerte

Der Ausgangsdatenmatrix kann man entnehmen, wie einzelne Probanden die Items beurteilt haben. Im Zuge der Faktorenanalyse werden die Variablen zu Faktoren zusammengefasst. Damit der Forscher die Faktoren für weitere Analysen (als neue Variablen) nutzen kann, muss er berechnen, welche Ausprägung ein Proband bei diesen Faktoren hätte. Diese so genannten **Faktorwerte** ergeben sich aus dem Produkt der **Ausgangsdatenmatrix** (471 Probanden * 13 Variablen) und der **Faktorladungsmatrix** (13 Variablen * 4 Faktoren). Jedem Probanden wird für die vier Faktoren je ein Faktorwert zugeordnet. Die Matrix der Faktorenwerte hat also das Format 471 * 4. Aufgrund der vorhergehenden Standardisierung der Daten haben diese Werte einen Mittelwert von null und eine Standardabweichung von eins. Sie sind also nicht mehr auf einer bestimmten Skala interpretierbar. In unserem Beispiel entspricht die absolute Höhe der Werte auf den Faktoren also nicht mehr der Höhe auf der siebenstufigen Skala, auf der die Ausgangsvariablen beurteilt wurden.

## 3.4 Güteprüfung

Bevor Marta Formula die extrahierten Faktoren interpretiert, sollte sie die Güte der Analyse beurteilen. Um das Ergebnis einer Faktorenanalyse nach objektiven Maßstäben bewerten zu können, gibt es eine Vielzahl von Gütekriterien. Sie ermöglichen es nicht nur dem Forscher selbst, die Qualität der eigenen Analyse zu bestimmen. Auch andere Wissenschaftler sind dadurch in der Lage, die Güte der vorgestellten Ergebnisse zu beurteilen. Erfüllt die Analyse die Richtwerte nicht, sollte Marta Formula – falls es die Fragestellung zulässt – schwache Variablen schrittweise eliminieren.

### 3.4.1 Globale Güte

Der Informationsverlust, d. h. der Teil der Varianz der Variablen, der nicht durch die extrahierten Faktoren erklärt wird, sollte möglichst gering ausfallen. Ein Gütekriterium, welches das Ausmaß des Informationsverlustes quantifiziert, ist der **Anteil der Varianz** der Ausgangsvariablen, den alle Faktoren zusammen erklären. In unserem Beispiel beträgt die Summe der Varianz 13 (= 13 Variablen * 1). Der erste Faktor erreicht einen Eigenwert von 3,70, d. h. er erklärt so viel wie 3,70 Variablen der Ausgangssituation. Dies entspricht 28,5 % der Varianz (*Eigenwert / Anzahl Variablen = 3,70 / 13 = 0,285*), also knapp ein Drittel aller Informationen (vgl. Abb. 18, S. 95). Addiert man die Eigenwerte der vier extrahierten Faktoren, ergibt dies einen Wert von 8,08 und damit eine erklärte Varianz von insgesamt 62,1 % (*8,08 / 13 = 0,621*). Allerdings nimmt der Anteil der erklärten Varianz je extrahiertem Faktor mit jedem zusätzlichen Faktor ab. Weil die Faktorenanalyse sukzessive vorgeht, erklärt die erste Dimension also immer den größten Teil der Streuung (vgl. Tab. 32).

| Faktor | Eigenwert | Anteil erklärte Varianz | Kumulierte Varianz |
|---|---|---|---|
| 1 | 3,70 | 28,5 % | 28,5 % |
| 2 | 1,94 | 14,9 % | 43,3 % |
| 3 | 1,34 | 10,3 % | 53,7 % |
| 4 | 1,10 | 8,4 % | 62,1 % |
| 5 | ,91 | 7,0 % | 69,1 % |
| 6 | ,83 | 6,4 % | 75,5 % |
| 7 | ,77 | 5,9 % | 81,4 % |
| 8 | ,56 | 4,3 % | 85,8 % |
| 9 | ,52 | 4,0 % | 89,7 % |
| 10 | ,41 | 3,1 % | 92,9 % |
| 11 | ,39 | 3,0 % | 95,9 % |
| 12 | ,37 | 2,9 % | 98,7 % |
| 13 | ,16 | 1,3 % | 100,0 % |

Anmerkung: Die blau unterlegten Faktoren wurden aufgrund des Eigenwertes ≥ 1,00 ausgewählt.

**Tab. 32:** Eigenwerte und erklärte Varianz im Überblick

Insgesamt sollten alle sinnvoll zu interpretierenden Faktoren gemeinsam mehr als die Hälfte der Gesamtvarianz erklären, d. h. mehr als 50 % der Information reproduzieren können (vgl. Abb. 21). Damit ist dieses Gütekriterium in unserem Beispiel erfüllt.

### 3.4.2 Regionale Güte

Da bei einer Faktorenanalyse weniger Faktoren extrahiert werden als Variablen in die Analyse eingehen, erscheint es sinnvoll, wenn jeder extrahierte Faktor mehr Varianz erklärt als eine einzelne Variable bietet. Der Eigenwert, der angibt, wie viel Streuung ein einzelner Faktor abbildet, sollte daher größer eins sein. Dies entspricht dem oben eingeführten Kaiser-Kriterium.

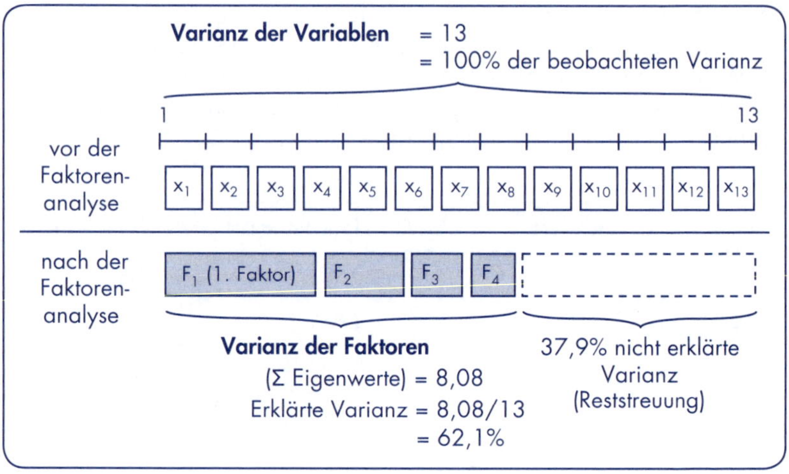


**Abb. 21:** Eigenwert und erklärte Varianz als Gütekriterien

Jeder Faktor sollte zudem in sich möglichst homogen, im Vergleich zu anderen Faktoren jedoch heterogen sein. Die Merkmale, die auf einen Faktor „hoch laden", müssen also auch zusammenpassen. Dies lässt sich zum einen am Inhalt der Indikatoren ablesen (Findet man eine gemeinsame Aussage?). Zum anderen ermöglichen es einige statistische Größen, die sog. interne Konsistenz eines Faktors zu beurteilen (vgl. Kap. 1.3.3). Beispielsweise sollte die Kennzahl **Cronbachs Alpha** (Peterson 1994; Cronbach 1951) nach gängiger Auffassung einen Wert von ,70 annehmen (Nunnally 1978, S. 245). Darüber hinaus sollte man beachten, dass Cronbachs Alpha steigt, je mehr Variablen einbezogen werden. Daher ist ein Wert von ,70 bei einem Faktor, auf den nur wenige Variablen laden, kaum zu erreichen.

### 3.4.3 Lokale Güte

Im Unterschied zum Eigenwert informiert die **Kommunalität** über den Teil der Varianz einer Variablen, den alle Faktoren gemeinsam erklären. Das Ergebnis sollte größer als ,50 sein. Die extrahierten Faktoren müssen also die einzelnen Merkmale mindestens zur Hälfte wiedergeben können oder anders ausgedrückt dürfen nur maximal 50 % der Information jeder Variablen „verloren gehen". Items mit geringer Kommunalität sollten – falls inhaltlich vertretbar – entfernt werden. Danach beginnt der Prozess schrittweise von neuem (Bearden/Netemeyer 2011).

Ein weiteres lokales Gütekriterium ist die Höhe der Faktorladungen. Viele Autoren sprechen ab einem Wert von ,50 von einer akzeptabel hohen **Faktorladung** (Backhaus et al. 2015, S. 418; Hair et al. 2014, S. 116). Bortz/Schuster (2010, S. 396) weisen darauf hin, dass die Faktorladung umso höher sein sollte, je weniger Variablen einem Faktor zugeordnet sind. Bei vier Variablen sollten Ladungen von a ≥ ,600 erreicht werden, bei zehn Variablen reicht auch a ≥ ,400 aus. Eine klare Konvention kann nicht gegeben werden; bei Faktoren, auf die nur wenige Variablen laden, sollten die Variablen aber vergleichsweise „hoch laden". Um die genannten Richtgrößen einzuordnen, sollte man verstehen, dass bei einer Ladung von a = ,500 der Faktor nur 25 % der Varianz des Merkmals erklärt (erklärte Varianz = $0{,}5^2$ = ,25).

Die **Item-to-Total-Korrelation** kann als weiterer Güteindikator eingesetzt werden. Bei diesem Verfahren werden zunächst alle Variablen des Faktors aufsummiert. Die Korrelation zwischen der Summe und jedem Item sollte mindestens ,50 betragen (Hair et al. 2014, S. 123). Idealerweise sollte jedoch eine korrigierte Item-to-Total-Korrelation verwendet werden. Hierbei wird der Index (= Total) für jedes Item separat berechnet, ohne das jeweils betreffende Item einzuschließen. Für diesen Index geben Hair et al. (2014, S. 123) einen Grenzwert von ,30 an, der als sehr liberal angesehen werden kann. Variablen mit geringer korrigierter Item-to-Total-Korrelation werden sukzessive eliminiert, um die Reliabilität eines Faktors (in Form der internen Konsistenz) zu verbessern. Dieses Verfahren ist allerdings nur vertretbar, wenn auf die Information der zu eliminierenden Variablen inhaltlich verzichtet werden kann.

### 3.4.4 Zusammenfassung

Die zentralen Gütekriterien sind in Abb. 22 zusammenfassend dargestellt. Die Güteprüfung im konkreten Beispiel führte zu fol-

| Prüfschritte | Entscheidungsgrundlage | Anforderung/Richtwert |
|---|---|---|
| **Globale Güte** | Erklärte Varianz | ≥ 50,0% |
| **Regionale Güte** (pro Faktor) | Eigenwert | ≥ 1,00 |
| | Cronbachs Alpha | ≥ ,70 |
| **Lokale Güte** (pro Variable) | Kommunalität | ≥ ,50 |
| | Faktorladung | ≥ ,50 |
| | Item-to-Total-Korrelation | ≥ ,50 |
| | Korrigierte Item-to-Total-Korrelation | ≥ ,30 |

**Abb. 22:** Prüfung der Gütekriterien

gendem Ergebnis: Aufgrund der geringen Kommunalität von ,38 ist das Item $x_{13}$ aus der Analyse auszuschließen. In einem nächsten Schritt wurde die Faktorenanalyse noch einmal mit zwölf Items durchgeführt. Wie Tab. 33 zeigt, ist die Güte der Faktorenanalyse nun zufriedenstellend.

| # Var. | Voraussetzungen | | | Erklärte Varianz | Anzahl Faktoren | Güte | |
|---|---|---|---|---|---|---|---|
| | KMO (alle Variablen) | Bartlett (p) | MSA (je Variable) | | | Kommunalität ($h^2$) | Cronbachs α |
| 13 | ,756 | ≤ ,001 | alle ≥ ,500 | 62,1 % | 4 | ≥ ,500 (außer $x_{13}$) | |
| 12[a] | ,755 | ≤ ,001 | alle ≥ ,500 | 66,0 % | 4 | > ,500 | F1: ,84<br>F2: ,73<br>F3: ,54<br>F4: ,60 |

Anmerkungen: F1-4: Faktor 1-4. [a] Variable $x_{13}$ wurde eliminiert.

**Tab. 33:** Ergebnis Faktorenanalyse mit 12 Items: Zusammenfassende Darstellung der Voraussetzungen und Gütekriterien

## 3.5 Interpretation

Nun müssen die Faktoren interpretiert werden. Grundlage der Interpretation ist die **Faktorladungsmatrix**. Zwölf der dreizehn Variablen der Ausgangsdatenmatrix wurden in unserem Beispiel auf vier Faktoren reduziert. Man kann folglich vier Dimensionen der Einstellung gegenüber Marken unterscheiden. Ihre Bedeutung lässt sich an dem Wortlaut der Variablen ableiten, die auf den Faktor „hoch laden", also stark mit ihm korrelieren. Aufgabe des Forschers ist es nun, für diese Items einen präzisen übergeordneten Begriff zu finden, ohne wesentliche Informationen zu verlieren.

Im Beispiel lassen sich die Variablen $x_5$ und $x_6$ zum ersten Faktor, $x_1$ und $x_2$ zum zweiten usw. eindeutig zuordnen (vgl. Tab. 34). Da auch die übrigen Variablen jeweils nur auf einen Faktor hoch laden, liegt annähernd eine Einfachstruktur vor. Die Faktoren sollten sich daher leicht interpretieren lassen. Wer den zum ersten Faktor gehörenden Variablen stark zustimmt, ist gegenüber Markenprodukten offenbar positiv eingestellt. Dieser Faktor lässt sich daher als **„Markenbewusstsein"** bezeichnen. Die zwei Variablen, die Faktor 2 zugeordnet sind, stehen für **„Qualitätsbewusstsein"**. Das **„Preisbewusstsein"** spiegelt sich in der dritten Dimension und die **„Markentreue“** in der vierten wider.

| Variable | Faktor 1 | Faktor 2 | Faktor 3 | Faktor 4 |
|---|---|---|---|---|
| $x_1$: Für besondere Qualität gebe ich gern etwas mehr aus. | ,132 | **,772** | -,221 | ,164 |
| $x_2$: Manchmal leiste ich mir ganz bewusst die beste Qualität. | ,066 | **,794** | -,152 | ,219 |
| $x_3$: Ob ich etwas kaufe oder nicht, entscheide ich in erster Linie nach dem Preis. | -,063 | -,292 | **,728** | -,007 |
| $x_4$: Ich bin immer auf der Suche nach Billigangeboten. | -,072 | -,254 | **,734** | ,009 |
| $x_5$: Markenprodukte sind qualitativ besser als markenlose Ware. | **,844** | ,107 | -,005 | -,036 |
| $x_6$: Markenprodukte sind zwar teurer als andere Produkte, dafür aber auch besser. | **,845** | ,118 | ,016 | -,007 |
| $x_7$: Bei vielen Produkten kaufe ich immer nur eine bestimmte Marke. | ,160 | ,166 | ,002 | **,796** |
| $x_8$: Wenn ich mit einer Marke zufrieden bin, bleibe ich auch dabei. | ,022 | ,124 | -,058 | **,837** |
| $x_9$: Ich wähle meistens die teureren Marken aus. | **,592** | ,290 | -,332 | ,241 |
| $x_{10}$: Die bekannten Markenprodukte sind die besten. | **,790** | -,055 | -,025 | ,165 |
| $x_{11}$: Je höher der Preis eines Produktes, desto besser ist die Qualität. | **,722** | -,008 | -,128 | ,073 |
| $x_{12}$: Ich achte darauf, das beste Preis/Leistungs-Verhältnis zu bekommen. | -,064 | ,462 | **,639** | -,119 |

Anmerkung: Faktorladungen a ≥ ,500 sind blau unterlegt und fett hervorgehoben.

**Tab. 34:** Faktorladungsstruktur (bei Varimax-Rotation, 12 Items)

Diese vier Dimensionen des Konstruktes „Einstellung zu Marken" sind voneinander unabhängig. Interessanterweise ergibt die Analyse getrennte (d.h. orthogonale bzw. unkorrelierte) Faktoren für Markenbewusstsein und Markentreue. Es ist also durchaus möglich, dass eine Person markenbewusst denkt, jedoch nicht bereit ist, dem Anbieter langfristig treu zu bleiben.

Zwölf Variablen lassen sich in diesem Beispiel auf vier Faktoren reduzieren. Wie in Tab. 33 dargestellt, werden 66,0 % der Varianz der Variablen durch die vier Faktoren erklärt. Nur ein Drittel der beobachteten Varianz geht dabei verloren, obwohl die Anzahl der Faktoren (4) nur ein Drittel der Anzahl der Ausgangsvariablen (12) beträgt. Das Ziel der Faktorenanalyse kann also als erreicht gelten; denn redundante Informationen werden komprimiert, ohne sehr viele Informationen zu verlieren.

## 3.6 Dokumentation für Praktiker

Die Faktorenanalyse ist ein Verfahren, das Marketing-Forscher in der Regel sozusagen im Back-Office durchführen, um zu ermitteln, welche Variablen gebündelt als Faktoren in eine Analyse eingehen. In der Forschung ist die Faktorenanalyse bspw. bei der Entwicklung von Skalen hoch relevant. Die eigentlichen inhaltlichen Analysen (z.B. Regressionsanalysen, die sachlogische Fragen mithilfe der gebildeten Faktoren beantworten) bauen häufig auf den Ergebnissen der Faktorenanalyse auf. Aus diesem Grund ist die Dokumentation der Ergebnisse einer Faktorenanalyse für Präsentationen in der Unternehmenspraxis meist nicht relevant. Nichtsdestotrotz zeigen wir in Abb. 23 eine Darstellungsform, mit deren Hilfe man auch einem statistischen Laien die Befunde einer Faktorenanalyse vermitteln kann.

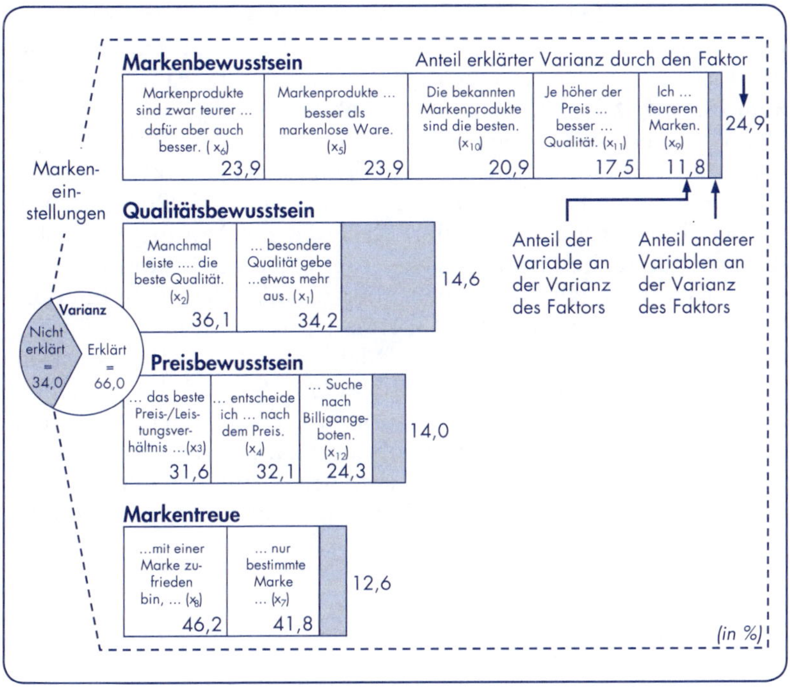


**Abb. 23:** Darstellung der Faktoranalyse für Praktiker

## 3.7 Ausblick auf verwandte Verfahren

Wir haben in diesem Kapitel nur die **explorative Faktorenanalyse** besprochen. Sie verfolgt das Ziel, Variablen anhand ihrer Korrelationen zu gruppieren und geht dabei induktiv vor. Es liegen a priori keine Hypothesen über die Faktorenstruktur vor. Häufig wird die explorative Faktorenanalyse deshalb auch in einem eher frühen Forschungsstadium eingesetzt, um Variablen zusammenzuführen. Möchte man eine zuvor postulierte Faktorenstruktur empirisch absichern, eignet sich die **konfirmatorische Faktorenanalyse**. Das Vorgehen ist deduktiv und der Forscher prüft eine a priori aufgestellte Faktorenstruktur mit Annahmen zur Anzahl der Faktoren und den Ladungsmustern der Variablen. Die konfirmatorische Faktorenanalyse wird meist über die Strukturgleichungsmodellierung (auch Structural Equation Modeling oder SEM, vgl. Kap. 4.7) umgesetzt. Anhand eines Anpassungstests oder verschiedener Anpassungsmaße wird dabei bestimmt, inwiefern die gegebene Struktur an Faktoren und Ladungsmustern der empirischen Realität entspricht. Die konfirmatorische Faktorenanalyse setzt spezielle Statistik-Software voraus (z. B. AMOS, LISREL, EQS, MPlus oder auch R).

Wenn ein Forscher ein Konstrukt konzeptionalisiert und zu diesem Konstrukt eine Skala entwickelt und validiert, kommen häufig sowohl die explorative als auch die konfirmatorische Faktorenanalyse zum Einsatz (z.B. Bühner 2010; Homburg/Giering 1996; Churchill 1979). Als Beispielstudien zu Skalenentwicklungen mit zunächst explorativer und anschließend konfirmatorischer Faktorenanalyse können u.a. Balderjahn et al. (2013) und Soyez et al. (2009) genannt werden. Oft werden noch weitere Kriterien zur Prüfung der Diskriminanzvalidität herangezogen (vgl. Tab. 6), die auf der konfirmatorischen Faktorenanalyse aufbauen. Hierzu zählen der Chi²-Differenztest (Anderson/Gerbing 1988, S. 416), der Test von Fornell/Larcker (1981, S. 46) oder die Heterotrait-Monotrait Ratio of Correlations (Henseler et al. 2015; Clark/Watson 1995). Sowohl die explorative als auch die konfirmatorische Faktorenanalyse können zudem eingesetzt werden, um festzustellen, ob sog. Common Method Variance in einem Datensatz vorliegt, d.h. eine Antworttendenz der Probanden, die nicht substanziell, sondern durch die Befragungsmethode begründet ist (Podsakoff et al. 2003).

## 3.8 Literaturempfehlungen

Backhaus, K., Erichson, B., Plinke, W., & Weiber, R. (2015). *Multivariate Analysemethoden: Eine anwendungsorientierte Einführung* (14. Aufl.). Berlin: Springer, Kap. 7, S. 385-452.

Bortz, J., & Schuster, C. (2010). *Statistik für Human- und Sozialwissenschaftler* (7. Aufl.). Wiesbaden: Springer, Kap. 23, S. 385-434.

Fabrigar, L. R., & Wegener, D. T. (2011). *Exploratory Factor Analysis.* New York: Oxford University Press.

Hair, J. F. Jr., Black, W. C., Babin, B. J., & Anderson, R. E. (2014). *Multivariate Data Analysis* ($7^{th}$ ed.). New Jersey: Pearson, Kap. 2, S. 89-150.

## 3.9 Lernhilfen

### 3.9.1 Kontrollfragen

1. Bitte ergänzen Sie die Lückentexte.

   Die ................................ gibt an, wie hoch eine einzelne Variable auf einen Faktor lädt. Der ........................ wird pro Faktor berechnet und entspricht der Summe der quadrierten Faktorladungen eines Faktors über alle Variablen hinweg. Der ........................ ergibt sich als Produkt von Faktorladungs-Matrix und Ausgangsdatenmatrix. Er gibt an, wie ein Proband einen Faktor bewertet hätte.

2. Warum wird die explorative Faktorenanalyse als „explorativ" bezeichnet?
3. Anhand welcher Kriterien kann man entscheiden, wie viele Faktoren extrahiert werden sollten? Nennen Sie die Kriterien und erläutern Sie diese näher.
4. Welche der folgenden Aussagen sind richtig?
   - ☐ Von der Einfachstruktur der Faktorladungsmatrix spricht man, wenn möglichst viele Variablen jeweils auf mehrere Faktoren hoch laden.
   - ☐ Cronbachs Alpha ist ein Maß für die interne Konsistenz eines Faktors. Es handelt sich dabei um ein lokales Gütekriterium.
   - ☐ Der Bartlett-Test kann zum Prüfen der Voraussetzungen für eine Faktorenanalyse nur dann eingesetzt werden, wenn die Variablen normalverteilt sind.
   - ☐ Faktoren mit einer Kommunalität von ≤ ,50 sollten von der Analyse ausgeschlossen werden.

### 3.9.2 Vernetzungsaufgaben

Ihre Aufgabe ist es nun, eine Faktorenanalyse anhand der folgenden Variablen zur Messung der Einstellung gegenüber Marken zu rechnen: qb1, qb2, mt1, mt2, mb1, mb2, prb1, prb2.

1. Prüfen Sie zunächst, ob die Variablen für eine Faktorenanalyse geeignet sind. Betrachten Sie hierzu die Kommunalitäten der Ausgangsvariablen und berechnen Sie das KMO-Kriterium.
2. Berechnen Sie nun die rotierte Faktorladungsmatrix. Verwenden Sie dabei die Hauptkomponenten-Analyse und das Varimax-Verfahren. Wie viele Faktoren sollten gebildet werden? Wie lassen sich die Faktoren inhaltlich interpretieren?
3. Prüfen Sie die globale Güte der Faktorenanalyse anhand der erklärten Varianz.

**Den Datensatz für eigene Berechnungen** finden Sie auf www.vahlen.de bzw. dem QR-Code:

# 4 Regressionsanalyse

## 4.1 Ziel

**Fallbeispiel Limonatik**
Marta Formula möchte nun wissen, welche Einflussgrößen die Einstellung der Verbraucher gegenüber Mixgetränken beeinflussen. Ihr fallen eine Reihe möglicher Einflussgrößen ein, angefangen von Persönlichkeitsmerkmalen wie Kontakt- und Innovationsfreudigkeit bis hin zu konsumspezifischen Merkmalen wie Marken-, Preis- und Qualitätsbewusstsein. Marta entscheidet sich, eine lineare Regressionsanalyse durchzuführen. Damit kann sie herausfinden, welche der von ihr als relevant vermuteten Einflussgrößen die Einstellung gegenüber Mixgetränken tatsächlich beeinflussen. Doch wie läuft diese Analyse ab und was ist dabei zu beachten?

**Bei der linearen Regressionsanalyse sind folgende Fragen zu klären:**

- *Eignen sich die vorliegenden Daten für eine Regressionsanalyse?*
- *Welche Variablen beeinflussen die Zielgröße?*
- *Wie stark fällt der Einfluss der Variablen auf die Zielgröße aus?*

Wie die Varianzanalyse so zählt auch die lineare Regressionsanalyse in die Kategorie der **Dependenzanalysen** (Hair et al. 2014, S. 12). Mit ihr lassen sich Beziehungen zwischen einer oder mehreren metrisch skalierten unabhängigen Variablen (auch UV, exogene oder erklärende Größe, Prädiktorvariable, Einflussgröße, Regressor) und einer metrisch skalierten abhängigen Variable (auch AV, endogene oder erklärte Größe, Prognosevariable, Regressand) aufzeigen. Marta Formula möchte bspw. prüfen, ob sie vom Alter der Konsumenten Rückschlüsse auf deren Einstellung zu Mixgetränken ziehen kann. Oder anders ausgedrückt: Sie möchte die Einstellung auf das Alter zurückführen (regressieren).

Der Zusammenhang zwischen dem Alter und der Einstellung lässt sich als Punktwolke in einem Koordinatensystem darstellen (vgl. Abb. 24). Das Ziel ist nun, eine Regressionsgerade in diese Punktwolke zu legen, über die sich die Einstellung möglichst genau vorhersagen lässt, wenn das Alter des Konsumenten bekannt ist. Die lineare Regressionsanalyse sucht nach Parametern zur Beschreibung dieser Regressionsgeraden. Dies sind der y-Achsen-Abschnitt $b_0$ und die Steigung der Geraden $b_1$. Die dargestellte Punktwolke verdeutlicht aber auch, dass diese Vorhersage nicht perfekt gelingt. Viele der tatsächlich beobachteten Punkte liegen nicht auf der Geraden. Die Abweichung zwischen dem beobachteten Punkt und der Geraden bezeichnet man als Residuum (e). Es beschreibt den Vorhersagefehler. Vereinfacht ausgedrückt besteht das Ziel der Regressionsanalyse darin, die Parameter der Regressionsgerade so zu schätzen, dass diese Vorhersagefehler möglichst klein ausfallen.

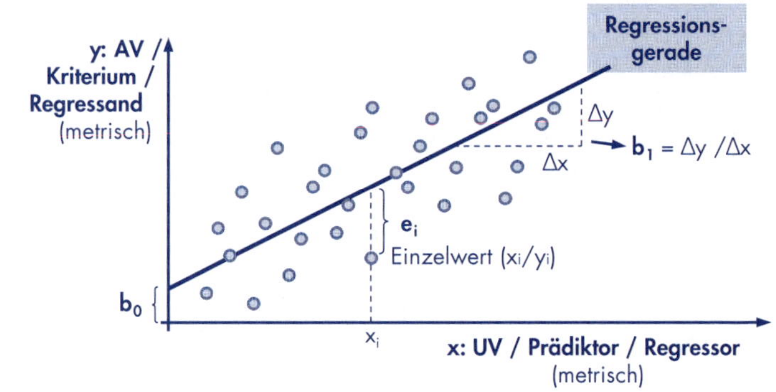


**Regressionsgleichung** $\hat{y}_i = b_0 = b_1 x_i$ bzw. $y_i = b_0 + x_i + e_i$

x: Prädiktor, UV; y: Kriterium, AV; $\hat{y}$: vorhergesagter Wert der AV; $b_0$: Konstante; $b_1$: Regressionskoeffizient zu x; e: Residuum; i: Laufindex der Fälle/Probanden I.

**Abb. 24:** Punktwolke, Regressionsgerade und Regressionsgleichung bei der einfachen, linearen Regressionsanalyse

Die Regressionsanalyse steht in verschiedenen Varianten zur Verfügung: Im bivariaten Fall, d. h. bei einer unabhängigen und einer abhängigen Variable, handelt es sich um eine **einfache Regressionsanalyse**. Fließen mehr als eine unabhängige Größe ein, so spricht man von einer **multiplen Regressionsanalyse**. Prinzipiell lassen sich außerdem sowohl lineare als auch nicht-lineare Beziehungen prüfen. Da Marketing-Forscher die **lineare Regressionsanalyse** am häufigsten anwenden, liegt der Fokus im Folgenden auf linearen Zusammenhängen. Dabei nimmt man an, dass sich die abhängige Variable um einen konstanten Betrag ändert, wenn die unabhängige Größe um eine Einheit variiert. Wir gehen dabei nur auf die Kleinste-Quadrate-Schätzung (Ordinary Least Squares, OLS, vgl. Kap. 4.3.1) ein. Falls kein metrisches Skalenniveau der AV vorliegt, kommen alternative Verfahren wie die logistische Regression (etwa binär oder multinominal; z. B. Allison 2012) zum Einsatz (vgl. Kap. 4.7).

Die Regressionsanalyse ermöglicht es, Ursachenanalysen, Prognosen und Trendanalysen durchzuführen:

- **Ursachenanalyse:** Versucht der Forscher zu ergründen, warum eine Größe variiert, stellen sich ihm Fragen wie „Welche Variablen beeinflussen die Zielgröße?“ und „Wie stark fällt dieser Einfluss aus?“. Beispielsweise könnte Marta Formula herausfinden wollen, ob sich das Alter oder das Einkommen einer Person (UV) auf deren Einstellung zu Mixgetränken (AV) auswirkt. Sie vermutet, dass Konsumenten umso mehr Vorbehalte gegenüber Mixgetränken hegen, je älter sie werden. Andere Fragestellungen wären bspw., wie stark die Höhe der Werbeinvestitionen (UV) den Absatz beeinflusst (AV) oder ob Konsumenten ein Produkt umso häufiger kaufen (AV), je stärker sie dem Hersteller vertrauen (UV)? An dieser Stelle sei jedoch darauf hingewiesen, dass selbst ein statistisch signifikantes Regressionsmodell nicht notwendigerweise eine Ursache-Wirkungs-Beziehung nachweist. Um nicht dem häufig begangenen Irrtum zu erliegen, wechselseitige Zusammenhänge fälschlicherweise ursächlich zu interpretieren, müssen alle Anforderungen an einen kausalen Beweis erfüllt sein (vgl. Kap. 1).
- **Prognose:** Ein Marktforscher kann die Regressionsanalyse auch dann einsetzen, wenn er wissen möchte, wie die abhängige Variable reagiert, wenn sich die unabhängigen Größen verändern. Gerade in der betriebswirtschaftlichen Praxis sind solche Fragestellungen weit verbreitet. Schließlich sollte ein Manager wissen, an welchen „Stellschrauben“ er „drehen“ muss, damit sein Unternehmen erfolgreich ist. Gesucht werden also Erfolgsfaktoren, mit denen sich Erfolgskriterien wie Absatz, Aktienkurs oder Image beeinflussen lassen. Der Vergleich der UV mit einer „Stellschraube“ an einem technischen Bauteil beschreibt diese Anwendungsmöglichkeit sehr gut. Wie eine Drehung an der „Stellschraube“ eines Vergasers die Leerlaufdrehzahl erhöht, so kann eine Werbeanzeige bspw. den Absatz eines Produktes steigern. Liegen ausreichend Daten über Werbeinvestitionen und Verkäufe vor, könnte Marta Formula z. B. abschätzen, wie viel mehr Produkte des neuen Mixgetränkes sie verkaufen wird (AV), wenn sie einen gewissen Geldbetrag in Werbung investiert (UV).

- **Trendanalyse**: Interessiert es, wie sich eine Variable im Zeitablauf entwickelt, so hilft ebenfalls die Regressionsanalyse. Die Zeit wäre dann die unabhängige und die betrachtete Größe die abhängige Variable. So könnte man untersuchen, ob die Bereitschaft von Konsumenten, Mixgetränke zu kaufen, in den letzten 30 Jahren zugenommen hat. Eine Voraussetzung für derartige Trendanalysen ist, dass ausreichend viele Messwerte vorliegen, d.h. bspw. monatliche Verkaufszahlen zu verschiedenen Getränkesorten verfügbar sind.

Zum besseren Verständnis werden die einzelnen Schritte der Analyse wieder an einem Beispiel mit Marta Formula verdeutlicht. Sie möchte herausfinden, welche Ursachen einer positiven Einstellung gegenüber Mixgetränken zugrunde liegen. Als Einflussgrößen betrachtet sie zum einen zwölf Faktoren, die sie zuvor im Rahmen einer Faktorenanalyse (vgl. Kap. 3) aus 49 Items extrahiert hat (z.B. Markentreue, Preisbewusstsein etc.) und zum anderen das Alter der Probanden. Auch als AV nutzt sie einen Faktorwert, den sie zuvor über eine Faktorenanalyse über drei Items zur Einstellung gegenüber Mixgetränken ermittelt hat. Die abhängige und die unabhängigen Variablen sind in Abb. 25 dargestellt.

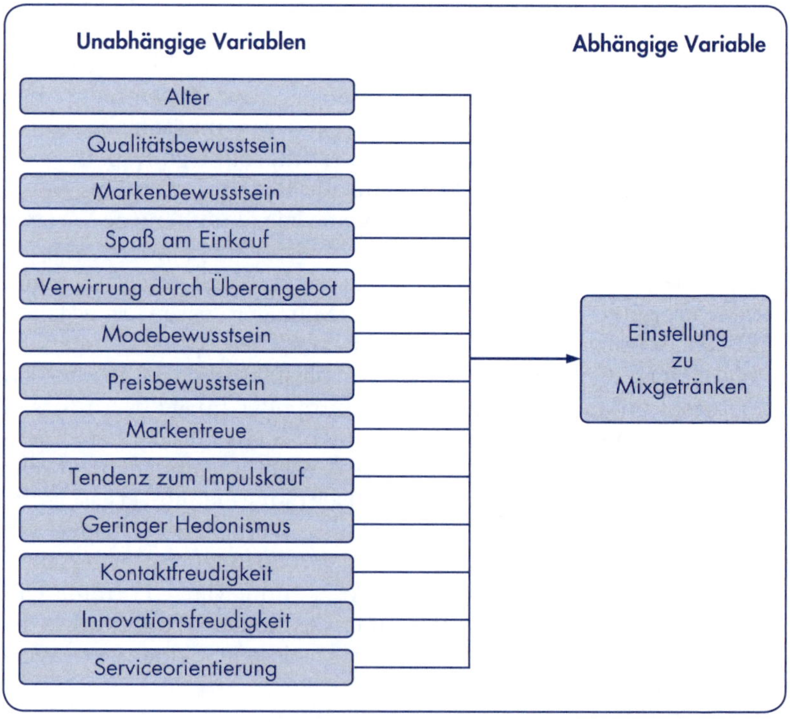


**Abb. 25:** Mögliche Einflussgrößen der Einstellung zu Mixgetränken

## 4.2 Voraussetzungen

Wie bereits erwähnt, ist die lineare Regressionsanalyse eine Dependenzanalyse, die UV und AV unterscheidet. Sie fordert, dass alle Variablen metrisch skaliert sind (vgl. Tab. 35).

| | |
|---|---|
| **Art der Analyse** | Dependenzanalyse (UV → AV) |
| **Anzahl Variablen** | Mind. eine UV, eine AV |
| **Skalenniveau** | UV: metrisch, AV: metrisch |

**Tab. 35:** Kurzcharakterisierung der linearen Regressionsanalyse

Darüber hinaus müssen die Daten eine Reihe von Anforderungen erfüllen (Bühner/Ziegler 2017, S. 720 ff.; Backhaus et al. 2015, S. 97 ff.; Wooldridge 2016; Hair et al. 2014, S. 179 ff.), die im Folgenden beschrieben werden. In Abb. 26 sind generelle Anforderungen zusammengefasst, die das Verhältnis von UV und AV (Linearität, kein Over- oder Underfitting) oder das Verhältnis mehrerer UV untereinander betreffen (keine Multikollinearität). Diese sollen vor der Durchführung der Regressionsanalyse geprüft werden. Aber auch die Residuen (e), d. h. die Fehlerterme bzw. die Abweichungen der Beobachtungspunkte von der Regressionsgeraden, müssen bestimmte Anforderungen erfüllen, die in Abb. 27 dargestellt sind (Normalverteilung, keine Autokorrelation, keine Heteroskedastizität). Diese Voraussetzungen können erst nach der Durchführung der Regressionsanalyse geprüft werden.

### 4.2.1 Linearität des Zusammenhangs

Die lineare Regressionsanalyse setzt voraus, dass der Zusammenhang zwischen unabhängiger und abhängiger Variable linear verläuft. Dies gilt sowohl für die einfache als auch für die multiple Regressionsanalyse. Bei einfachen Regressionen lässt sich die Linearitätsannahme an einem einfachen Streudiagramm per Augenschein überprüfen. Hierfür stellt man die Wertepaare pro Objekt bzw. Proband in einem Koordinatensystem dar. Wie in Abb. 26 (Punkt 1) visualisiert, hängen Alter und Einstellung zu Mixgetränken annähernd linear zusammen. Zumindest ist keine eindeutige nicht-lineare Beziehung erkennbar. Das Diagramm informiert auch über die Richtung des Zusammenhangs: In diesem Fall ist er – wie zu erwarten war – negativ, d. h. jüngere Probanden denken positiver über Mixgetränke als ältere. Ist die Linearitätsannahme verletzt, ist es oftmals durch eine mathematische Transformation (Quadrieren, Logarithmieren etc.) möglich, die UV so anzupassen, dass die geforderte lineare Beziehung im Modell vorhanden ist (Bühner/Ziegler 2017, S. 721 ff.).

**1. Linearität**

Die unabhängigen Variablen sollten die abhängige linear beeinflussen.

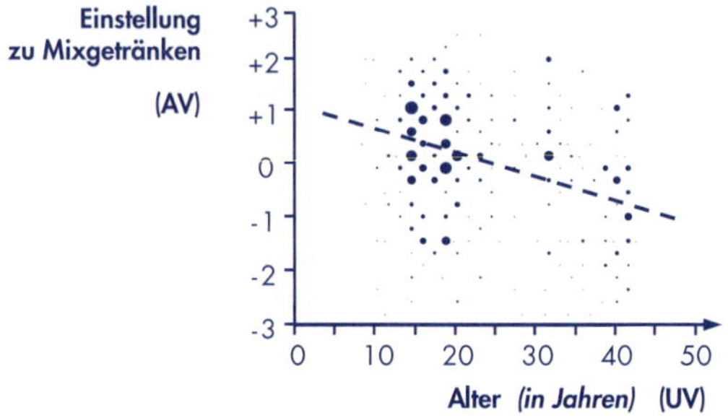


**2. Kein Overfitting und Underfitting**

Es muss die richtige Anzahl theoretisch fundierter unabhängiger Variablen eingeschlossen sein.

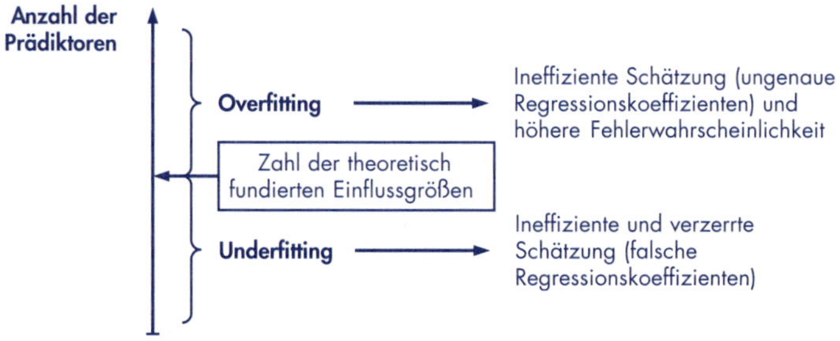


**3. Keine starke Multikollinearität**

Die unabhängigen Variablen sollten nicht stark untereinander korrelieren.

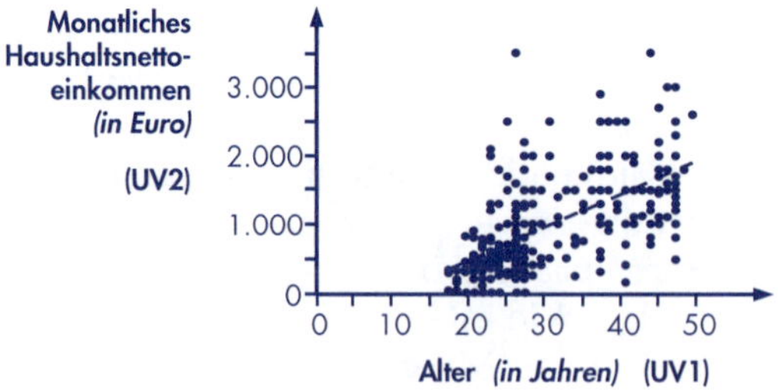


**Abb. 26:** Generelle Anforderungen

### 4.2.2 Kein Overfitting und Underfitting

Bereits die Auswahl der unabhängigen Variablen ist für das Ergebnis der Analyse entscheidend. Ist ein Modell mit zu vielen Einflussgrößen (UV) „überladen" (**Overfitting**), die keinen hinreichend theoretischen Bezug zur abhängigen Variable (AV) besitzen, wird die Schätzung ineffizient, d.h. es mangelt ihr an Genauigkeit. Mit jeder unabhängigen Variablen steigt zudem die Wahrscheinlichkeit, dass der t-Test (vgl. Kap. 4.4.4) für eine der unabhängigen Größen zufällig signifikant ausfällt. Berücksichtigt man dagegen zu wenige Prädiktoren, könnten entscheidende Einflussgrößen unberücksichtigt bleiben (**Underfitting**). Im Beispiel könnte Marta Formula die Einstellung zu Mixgetränken nicht hinreichend voraussagen, wenn sie nur das Alter der Konsumenten betrachtet. Das Underfitting würde die Schätzung verzerren (vgl. Abb. 26, Punkt 2). Möglicherweise werden irrelevante Größen als erklärende Variablen identifiziert, obwohl sie eigentlich die abhängigen Variablen nicht beeinflussen. Als Gründe für Underfitting kommen mangelnde theoretische Kenntnis des Forschers und empirischer Pragmatismus in Frage: Entweder lässt der Forscher unabsichtlich wichtige Konstrukte außer Acht oder er verzichtet bewusst darauf, um „erwünschte" Einflüsse nachzuweisen. Vielleicht möchte Marta Formula einen Alterseffekt prüfen; tatsächlich geht dieser Effekt aber auf die mit dem Alter konfundierte Variable Einkommen zurück. Lässt Marta Formula das Einkommen aus dem Modell heraus, könnte sie – fälschlicherweise – einen Alterseffekt nachweisen. Um die beschriebenen Probleme des Overfitting bzw. Underfitting zu vermeiden, sollte der Forscher also genügend Zeit und Sorgfalt in die Auswahl der unabhängigen Variablen investieren.

### 4.2.3 Keine Multikollinearität

Bei einer multiplen Regressionsanalyse (= mehrere UV) darf keine starke Multikollinearität zwischen den unabhängigen Variablen vorliegen. Die Silbe „Multi" steht für „viele" oder „mehrere", „Koll" für „gemeinsam" und „Linearität" für den linearen Funktionsverlauf zwischen den unabhängigen Variablen. Folglich meint Multikollinearität die lineare Abhängigkeit mehrerer unabhängiger Variablen untereinander. In der Realität sind die Prädiktoren einer Variablen nur selten vollkommen unabhängig. Es ist plausibel, dass die drei Prädiktoren Qualitäts-, Preis- und Markenbewusstsein, die alle das Kaufverhalten beeinflussen, auch zumindest leicht korreliert sind. Multikollinearität ist daher eine durchaus natürliche Erscheinung. Für die Analyse stellt dies häufig auch kein Problem dar, da lediglich eine starke Multikollinearität die Regressionsanalyse behindert. Nur dann führt sie zu hohen Standardabweichungen der Regressionskoeffizienten und damit zu einer ineffizienten Schätzung und zu einer unzureichenden Interpretierbarkeit der Koeffizienten. Liegt Multikollinearität vor und man eliminiert einen Prädiktor oder zieht einen weiteren hinzu, verändert sich unter Umständen die Einflussstärke der anderen unabhängigen Variablen. Das Modell ist somit nicht stabil.

Um das Problem der Multikollinearität an einem Beispiel zu erläutern, werden die Variablen Alter und monatliches Nettoeinkommen gegenübergestellt. Während das Einkommen in der Phase der Berufstätigkeit in der Regel steigt, wird es im Rentenalter mit hoher Wahrscheinlichkeit wieder sinken. Weil Marta Formulas Stichprobe nur auf Probanden bis 47 Jahre beschränkt ist, kann sie erwarten, dass die Variablen positiv korrelieren. Das Streudiagramm in Abb. 26 (Punkt 3) bestätigt die Vermutung annähernd.

Multikollinearität **zweier unabhängiger Variablen** lässt sich an bivariaten Korrelationen erkennen. Hohe absolute Korrelationskoeffizienten, also Werte nahe -1 oder +1, deuten auf Multikollinearität hin. Multikollinearität zwischen **mehr als zwei unabhängigen Variablen** ist wiederum regressionsanalytisch nachweisbar. Jeder Prädiktor dient einmal als AV einer Regressionsanalyse und alle restlichen als UV. Es wird also geprüft, ob sich die Prädiktoren jeweils als Linearkombination der anderen Prädiktoren darstellen lassen. Folgende Kennzahlen geben dabei Auskunft über den Grad der Multikollinearität (vgl. Bsp. 10). Die Differenz zwischen 1 (entspricht 100 % gemeinsamer Varianz) und dem Bestimmtheitsmaß dieser „Vorab-Regression“ (d.h. der tatsächlichen gemeinsamen Varianz) zwischen den unabhängigen Variablen wird als **Toleranz** der Variablen bezeichnet. Der Kehrwert aus dieser Differenz ist der **Variance Inflation Factor** ($VIF = \frac{1}{T}$). Toleranz und VIF lassen sich für jeden Prädiktor einzeln berechnen. Die Differenz zwischen 1 und der wechselseitig erklärten Varianz muss also möglichst groß ausfallen. Dies spiegelt sich dann in Toleranz- und VIF-Werten nahe 1 wider. Meist wird empfohlen, ab einem Toleranzwert von unter ,10 Verdacht auf Multikollinearität zu schöpfen (Bortz/Schuster 2010, S. 350; Cohen et al. 2003). Der VIF-Wert, als Kehrwert der Toleranz, sollte somit kleiner als 10 sein ($VIF_{krit} = \frac{1}{0,1} = 10$). Neuere Publikationen weisen aber darauf hin, dass dieser Grenzwert relativ liberal ist und dass man zumindest bei kleineren Stichproben bereits ab einem Wert von VIF < 4 Verdacht schöpfen sollte (Bühner/Ziegler 2017, S. 736). Liegt starke Multikollinearität vor, empfiehlt es sich, einen Prädiktor zu entfernen oder mit Hilfe der Faktorenanalyse die korrelierten Prädiktoren zu Faktoren zusammenzufassen.

**Beispiel 10: Kennwerte zur Identifikation von Multikollinearität**

**Toleranz**

$$Toleranz_i = 1 - R_i^2$$

$$Toleranz_{Alter} = 1 - (,361^2) = 1 - ,130 = ,870$$

Dabei ist $R_j^{\,2}$ nicht das Bestimmtheitsmaß (vgl. Kap. 4.4.2) der eigentlichen Regressionsanalyse, sondern die erklärte Varianz der jeweiligen Variablen j, wenn diese in einer Regression als AV und die übrigen Prädiktoren als UV dienen. Ein Wert von Toleranz = ,870 weist auf keinerlei Abhängigkeiten hin: Nur 13,0% der beobachteten Varianz der Variable Alter sind auf die anderen Größen zurückzuführen.

**Variance Inflation Factor**

$$VIF_i = \frac{1}{Toleranz_i}$$

$$VIF_{Alter} = \frac{1}{,870} = 1,148$$

Der Wert von VIF = 1,148 liegt ebenfalls nahe bei 1 und deutet damit nicht auf eine starke Multikollinearität hin.

### 4.2.4 Normalverteilung der Residuen

Während wir bisher generelle Anforderungen an die lineare Regressionsanalyse beschrieben haben, folgen nun Anforderungen an die Residuen, die erst nach der Durchführung der Regressionsanalyse geprüft werden. Damit eine Regressionsanalyse verlässliche Ergebnisse liefert, sollten die Residuen (d.h. die Schätzfehler) einer Normalverteilung folgen. Große positive und negative Differenzen zwischen prognostiziertem und beobachtetem Wert sollten also weitaus seltener auftreten als geringe Abweichungen („Glockenkurve"). Nur unter dieser Bedingung lassen sich F- und t-Test sinnvoll interpretieren (vgl. Kap. 4.4).

Ob die Residuen einer Normalverteilung folgen, lässt sich oft bereits per Augenschein prüfen. Zum einen eignet sich hierzu ein Histogramm der standardisierten Residuen. Abb. 27 (Punkt 4) zeigt, inwieweit sich die im Histogramm dargestellte Streuung der Residuen mit einer Normalverteilungskurve deckt. Obwohl geringe Abweichungen vorliegen, könnte man in diesem Fall davon ausgehen, dass die Residuen normalverteilt sind. Einen weiteren Hinweis liefert der **Normalverteilungs-Plot**, auch P-P-Diagramm genannt (vgl. Kap. 1.5.5). Bei Normalverteilung liegen alle Punkte exakt auf der diagonalen Linie.

Auch hier sind gewisse Abweichungen festzustellen. Dennoch lässt sich der Normalverteilungs-Plot als akzeptabel bezeichnen. Stark streuende Werte und eine unterbrochene Linie würden gegen eine Normalverteilung sprechen. Sind die Residuen nicht normalverteilt, lassen sich die inferenzstatistischen Tests (F- und t-Test) nicht interpretieren. Die Normalverteilung der Residualgrößen ist dennoch von vergleichsweise untergeordneter Bedeutung, da diese Tests aufgrund des zentralen Grenzwertsatzes bei einer „hinreichend" großen Anzahl an Beobachtungswerten gültig sind.

**4. Normalverteilung der Residuen**

Hohe Residuen sollten selten, geringe Residuen häufig auftreten.

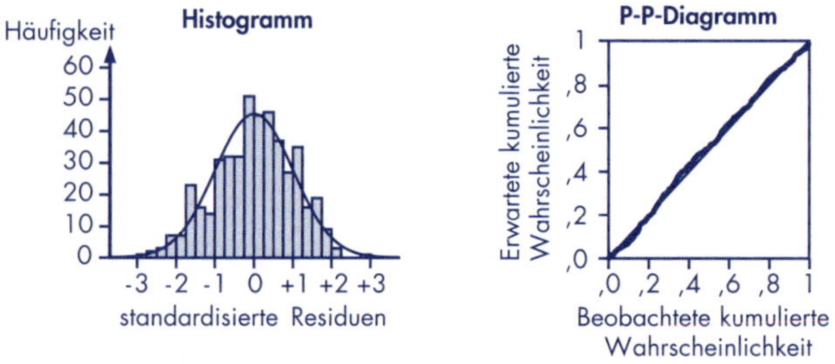


**5. Keine Autokorrelation**

Der Wert eines Residuums sollte den eines benachbarten nicht stark beeinflussen.

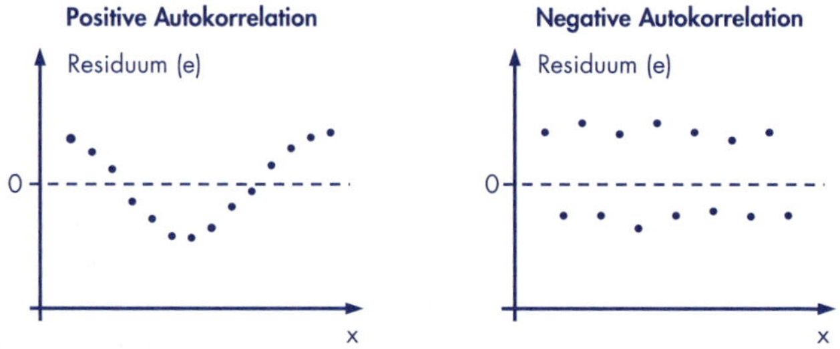


**6. Keine Heteroskedastizität**

Die unabhängigen bzw. geschätzten abhängigen Größen sollten das Ausmaß der Residuen nicht beeinflussen.

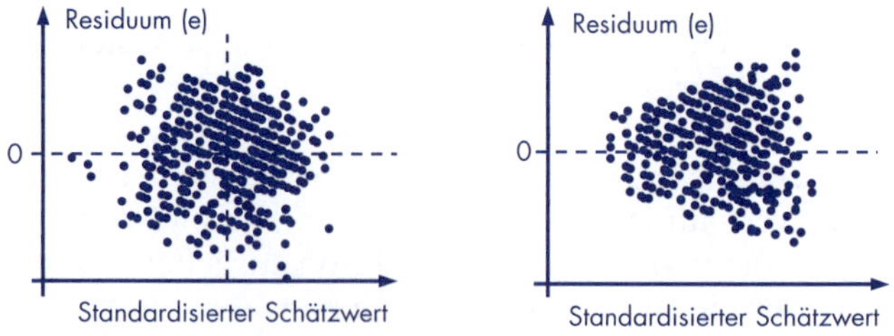


**Abb. 27:** Anforderungen an die Residuen

### 4.2.5 Keine Autokorrelation der Residuen

**Autokorrelation** (oder serial correlation, Wooldridge 2016) bedeutet, dass Residuen miteinander in Beziehung stehen, d.h. korrelieren. Von einer Autokorrelation erster Ordnung spricht man, wenn die Residuen von jeweils zwei aufeinanderfolgenden Fällen voneinander abhängen (bei einer Autokorrelation zweiter Ordnung wäre der übernächste Fall abhängig). Eine positive Autokorrelation erster Ordnung bedeutet, dass auf positive Residuen mit höherer Wahrscheinlichkeit auch positive Residuen folgen und auf negative folgen negative (vgl. Abb. 27, Punkt 5, links). Liegt bspw. die tatsächliche Position von Proband 14 (y) höher als die über die Regressionsgerade auf Basis von x vorhergesagte Position ($\hat{y}$), so läge bei einer positiven Autokorrelation auch der Wert von Proband 15 über dessen vorhergesagtem Wert. Bei einer negativen Autokorrelation wechseln sich positive und negative Residuen ab (vgl. Abb. 27, Punkt 5, rechts). Autokorrelation ist bei **Zeitreihen** besonders häufig zu beobachten, da es hier eine sinnvolle (d.h. zeitliche) Ordnung der Beobachtungspunkte gibt. Bei Querschnittsdaten tritt das Problem seltener auf, da hier keine natürliche Reihenfolge der Beobachtungen vorliegt (Wooldridge 2016). Da in unserem Beispiel alle Stichprobenwerte innerhalb eines kurzen Zeitraumes von vielen verschiedenen Personen erhoben wurden, ist Autokorrelation der Residuen unwahrscheinlich. Würde die Stichprobe allerdings die Einstellung zu Mixgetränken von nur wenigen Personen zu verschiedenen Zeitpunkten über einen längeren Zeitraum hinweg enthalten, so wären Abhängigkeiten zwischen den Residuen nicht überraschend. Ein möglicher Grund wäre, dass Werbemaßnahmen die Einstellung beeinflussen und somit eine relevante Variable im Modell fehlen würde.

Autokorrelation lässt sich mit Hilfe des **Durbin-Watson-Tests** identifizieren (Durbin/Watson 1951). Er deckt nur Autokorrelationen erster Ordnung auf, d.h. Zusammenhänge zwischen unmittelbar benachbarten Residuen. Der Durbin-Watson-Koeffizient kann Werte zwischen null und vier annehmen. Je näher er an zwei liegt, desto geringer ist das Ausmaß an Autokorrelation. Ein Ergebnis nahe vier spricht für stark voneinander abhängige Residuen. In unserem Fallbeispiel liegt er bei 1,939, d.h. nahe bei zwei, was aufgrund der Querschnittsdaten auch zu erwarten war.

### 4.2.6 Keine Heteroskedastizität

Die Residuen sollten über den gesamten Wertebereich der prognostizierten abhängigen Variablen die gleiche Varianz aufweisen. Streuen die Werte in Abhängigkeit von dem Wert der prognostizierten abhängigen Variablen unterschiedlich stark, so spricht man von Heteroskedastizität. Im Gegensatz zur Autokorrelation tritt das Problem der Heteroskedastizität seltener bei Zeitreihen, sondern häufiger bei Querschnittsanalysen auf. In Marta Formulas Untersuchung könnte dies bspw. der Fall sein, wenn die Spannweite der Einstellung zu Mixgetränken bei jüngeren Konsumenten kleiner wäre als bei älteren. So könnten jüngere Verbraucher den Produkten mehrheitlich offen gegenüberstehen, während es unter den älteren ein Lager der starken Befürworter und eines der Gegner gäbe. Die Höhe der Abweichung würde dann von der unabhängigen Variablen Alter abhängen. Heteroskedastizität führt zu ineffizienten Schätzern (Wooldridge 2016). Der Standardfehler des Regressionskoeffizienten wird falsch geschätzt und die Konfidenzintervalle sind folglich verzerrt.

Heteroskedastizität lässt sich erkennen, indem man die standardisierten Residuen (e) der prognostizierten standardisierten AV ($\hat{y}$) im Scatterplot gegenüberstellt. Dabei sollten die Residuen gleichmäßig um die Nulllinie streuen. Bei allen Ausprägungen der prognostizierten AV sollten also gleichmäßig sowohl negative als auch positive und betragsmäßig geringe sowie hohe Abweichungen auftreten. Nimmt die „Punktwolke“ nicht die idealtypische Form eines Rechtecks, sondern etwa die Form eines Trichters an, so liegt Heteroskedastizität vor. Abb. 27 (Punkt 6, links) gibt den Scatterplot für die AV Einstellung zu Mixgetränken wieder. Heteroskedastizität scheint also in unserem Beispiel nicht vorzuliegen. Der Trichter in Abb. 27 (Punkt 6, rechts) stellt ein fiktives **Beispiel für Heteroskedastizität** dar. Die Residuen variieren bei einer höheren Ausprägung der AV stärker. Neben der Augenscheinprüfung können auch verschiedene Testverfahren wie der Goldfeld-Quandt-Test, der Test von Glejser, der Breusch-Pagan-Test und der White-Test zum Einsatz kommen (Bühner/Ziegler 2017, S. 725; Wooldridge 2016; White 1980).

Es bestehen verschiedene Möglichkeiten mit Heteroskedastizität umzugehen (Hair et al. 2014, S. 181; Tabachnick/Fidell 2014, S. 163 f.). Wenn die Ursache der Heteroskedastizität auf eine einzelne UV zurückgeführt werden kann, so kann statt der OLS-Schätzung (Ordinary Least Squares, kleinste Quadrate; vgl. Kap. 4.3.1) die Weighted Least Squares-Schätzung genutzt werden (Wooldridge 2016, S. 276). Eine andere Möglichkeit besteht darin, nicht-lineare Transformationen (Logarithmieren) der (abhängigen) Variablen durchzuführen.

### 4.2.7 Zusammenfassung

Abb. 28 stellt die einzelnen Voraussetzungen der Regressionsanalyse noch einmal im Überblick dar. Ähnlich wie bei der Faktorenanalyse ist auch hier ein sukzessives Vorgehen möglich. Prädiktoren, welche eine oder mehrere Anforderungen verletzen, sollten entfernt werden, sofern dies inhaltlich vertretbar ist. Diese Entscheidung muss aber mit Umsicht getroffen werden. Entscheidende Prädiktoren sollte man nicht eliminieren, um den Nachteilen des Underfitting zu entgehen.

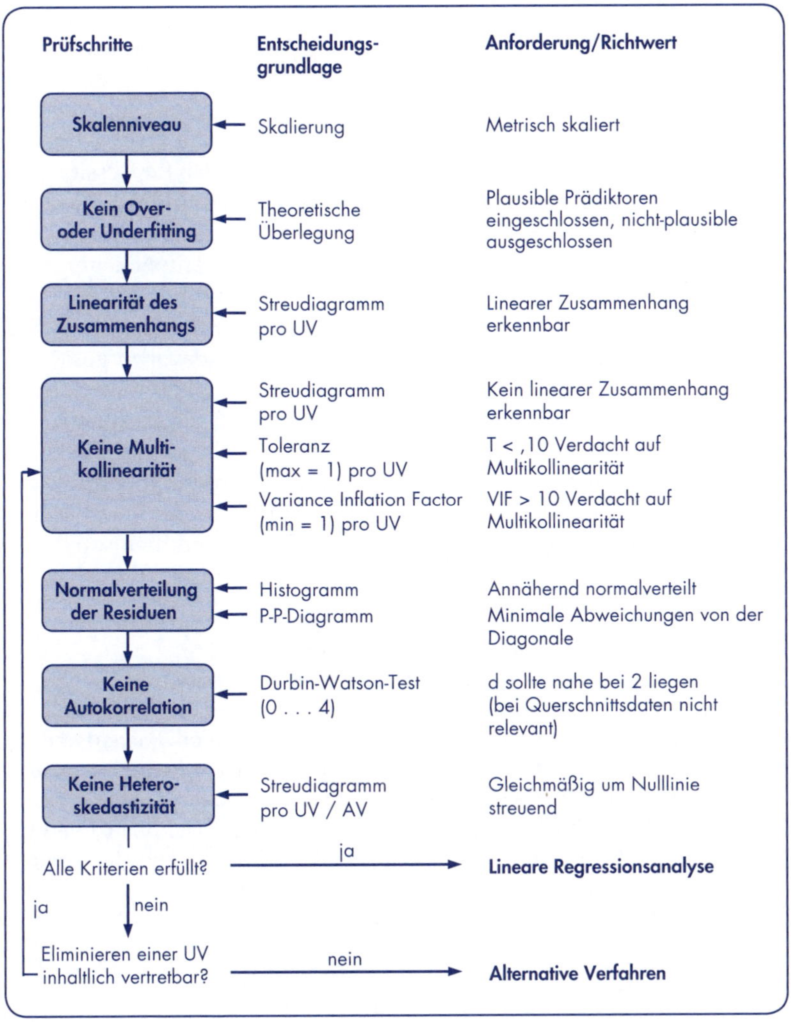


**Abb. 28:** Prüfschritte der Voraussetzungen

## 4.3 Durchführung

### 4.3.1 Methode der kleinsten Quadrate

Ziel jeder Regressionsanalyse ist es, den Einfluss der unabhängigen auf die abhängige Variable empirisch nachzuweisen. Die Daten der in der Stichprobe erfassten Fälle können in einem zweidimensionalen Raum (mit den Achsen der UV und AV) als Punktwolke dargestellt werden. Die Regressionsgerade wird aus diesen beobachteten Daten geschätzt. Die Herausforderung besteht nun darin, diese Punkteschar möglichst genau mit Hilfe einer Geraden nachzubilden (vgl. Abb. 24). Die Abweichungen der beobachteten Werte von der Regressionsgeraden sollten möglichst gering sein. Auf dieser Grundidee basiert die **„Methode der kleinsten Quadrate“** (Ordinary Least Squares, OLS). Nach dieser von *J. C. F. Gauß* im 19. Jahrhundert entwickelten Methode passt sich eine Regressionsgerade $y = b_0 + b_1x$ den empirischen Daten an, wenn die Quadratsumme der Fehler minimal ausfällt (Gauß 1887). Die Differenz zwischen beobachtetem und vorhergesagtem Wert wird quadriert, da sich sonst positive und negative Abweichungen neutralisieren würden (vgl. Bsp. 11). Zudem wird dadurch großen Abweichungen mehr Bedeutung beigemessen. Viele geringe Residuen fallen weniger ins Gewicht als wenige hohe. Würde man bspw. zwei Residuen von *„+9“* beobachten, läge die Summe der quadrierten Abweichungen schon bei *162 (81 + 81)*. Demgegenüber wären 40 Differenzen von *„+2“* oder *„-2“* weniger bedeutsam *(40 * 4 = 160)*.

**Beispiel 11: Methode der kleinsten Quadrate**

Mit Hilfe der Methode der kleinsten Quadrate (Ordinary Least Squares, OLS) lässt sich die Lage der Regressionsgerade so schätzen, dass die beobachteten Fälle insgesamt minimal von der Prognose abweichen. Jeder beobachtete Wert der AV ($y_i$) wird mit einem über die Regressionsgleichung vorhergesagten Schätzwert ($\hat{y}_i$) verglichen. Die Abweichung, d. h. den Fehler, bezeichnet man als Residuum ($e_i = y_i - \hat{y}_i$). Der Schätzwert $\hat{y}_i$ lässt sich durch eine Regressionsgleichung ($\hat{y}_i = b_0 + b_1x_1$) ersetzen. Fügt man diese Funktion in die Summe der quadrierten Abweichungen ein, ergibt sich folgende **Optimierungsfunktion**:

$$\sum_{i=1}^{n} e_i^2 = \sum_{i=1}^{n} (y_i - \hat{y}_i)^2 = \sum_{i=1}^{n} (y_i - b_o - b_1x_i)^2 \rightarrow min!$$

Mit Hilfe der Differentialrechnung lassen sich nun die gesuchten Parameter, d. h. die **Regressionskoeffizienten**, schätzen:

$$b_1 = \frac{\sum_{i=1}^{n}(x_i - \bar{x})(y_i - \bar{y})}{\sum_{i=1}^{n}(x_i - \bar{x})^2} \quad \text{und} \quad b_0 = \bar{y} - b_1\bar{x}$$

## 4.3.2 Einfache lineare Regression

Bei der einfachen linearen Regression wird nur **eine unabhängige Variable** betrachtet. In unserem Beispiel interessierte sich Marta Formula für den Einfluss des Alters (UV) auf die Einstellung zu Mixgetränken (AV). Der Mittelwert der unabhängigen Variablen Alter beträgt $\bar{x}$ = 30,34; der Mittelwert der abhängigen Variablen Einstellung zu Mixgetränken liegt bei $\bar{y}$ = -,000000195, was wir im Folgenden gerundet als ,00 verwenden.

Marta Formula nutzt nun die in Bsp. 11 beschriebene Methode der kleinsten Quadrate und ermittelt folgende Parameter:

$$b_1 = \frac{\sum_{i=1}^{457}(x_i - 30{,}34)(y_i - {,}00)}{\sum_{i=1}^{457}(x_i - 30{,}34)^2} = -{,}031$$

$$b_0 = \bar{y} - b_1\bar{x} = 0{,}0 - (-{,}031) * 30{,}34 = {,}939$$

Marta Formula stellt deshalb folgende Regressionsgleichung auf:

$$\hat{y}_i = b_0 + b_1 x_1 = {,}939 + (-{,}031) * x_i$$

Die **Konstante $b_0$** entspricht dem prognostizierten Wert der AV ($\hat{y}$), der auch ohne Einfluss der UV ($x_i = 0$) erreicht wird. Demzufolge läge die geschätzte Einstellung zu Mixgetränken bei Probanden im Alter von 0 Jahren, d.h. bei der Geburt, bei $b_0$ =,939. Offensichtlich handelt es sich damit um einen rein statistischen Wert, da der Datensatz nur die Altersspanne 17 bis 47 Jahre abdeckt und damit strenggenommen auch nur für diese Spanne eine Aussage getroffen werden kann. Über- und unterhalb dieser Grenzen sollte man die Regressionsgerade also nicht interpretieren. Es fehlen Beobachtungswerte, um den Verlauf bei älteren und jüngeren Menschen zu schätzen.

Inwiefern sich die Einstellung gegenüber Mixgetränken in Abhängigkeit vom Alter ändert, kann am **Regressionskoeffizient $b_1$** abgelesen werden. Das Vorzeichen der Regressionskoeffizienten gibt die Richtung des Einflusses an. Das negative Vorzeichen drückt aus, dass die Einstellung umso schlechter ausfällt, je höher das Alter ist. Zudem ist abzulesen, dass sich die Einstellung um -,031 verändert, wenn sich die UV „Alter“ um eine Einheit erhöht. Mit jedem zusätzlichen Lebensjahr verschlechtert sich die Einstellung um ,031 Einheiten. Ein zehn Jahre älterer Konsument bewertet Mixgetränke also ca. ,31 Skaleneinheiten schlechter als der zehn Jahre jüngere Konsument.

### 4.3.3 Multiple lineare Regression

Marta Formula ist sich natürlich bewusst, dass die Einstellung gegenüber Mixgetränken nicht allein vom Alter abhängen kann. Sie möchte gerne den Einfluss mehrerer Variablen prüfen, die potenziell einen Einfluss haben könnten, und diese miteinander vergleichen, um zu ermitteln, welche Einflussgröße die wichtigste ist. Sie erweitert deshalb ihr Modell zu einem multiplen Regressionsmodell mit zwölf weiteren Variablen, die wir bereits in Abb. 25 (S. 114) aufgelistet haben. Für jede in das Modell einfließende UV ($x_j$) wird ein Regressionskoeffizient ($b_j$) berechnet. Dabei ist j der Laufindex der UV. Die Regressionsgleichung lautet somit:

$$\hat{y}_i = b_0 + \sum_{j=1}^{J} b_j x_i$$

In Tab. 36 ist einmal im Überblick die zentrale Ergebnistabelle der vollständigen Regressionsanalyse mit allen 13 Prädiktoren aufgelistet. Wir werden erst im weiteren Verlauf dieses Kapitels alle dort aufgelisteten Kriterien kennenlernen und die Tabelle in allen Einzelheiten erläutern.

| | Prädiktor | Regressionskoeffizient b | Standardfehler | Standardisierter Koeffizient β | t | p |
|---|---|---|---|---|---|---|
| 0 | Konstante | 1,121 | ,177 | | 6,343 | ,000 |
| 1 | Alter | -,037 | ,006 | -,302 | -6,577 | ,000 |
| 2 | Qualitätsbewusstsein | ,072 | ,043 | ,072 | 1,675 | ,095 |
| 3 | Markenbewusstsein | ,086 | ,043 | ,086 | 2,011 | ,045 |
| 4 | Spaß am Einkauf | ,157 | ,043 | ,157 | 3,649 | ,000 |
| 5 | Verwirrung Überangebot | ,124 | ,045 | ,121 | 2,781 | ,006 |
| 6 | Modebewusstsein | ,139 | ,043 | ,139 | 3,236 | ,001 |
| 7 | Preisbewusstsein | -,072 | ,043 | -,072 | -1,663 | ,097 |
| 8 | Markentreue | -,001 | ,044 | -,001 | -,018 | ,985 |
| 9 | Tendenz zum Impulskauf | ,004 | ,043 | ,004 | ,099 | ,921 |
| 10 | Geringer Hedonismus | ,078 | ,044 | ,077 | 1,771 | ,077 |
| 11 | Kontaktfreudigkeit | ,135 | ,044 | ,132 | 3,075 | ,002 |
| 12 | Innovationsfreudigkeit | ,164 | ,044 | ,162 | 3,758 | ,000 |
| 13 | Serviceorientierung | ,041 | ,043 | ,041 | ,946 | ,345 |

Anmerkung: AV – Einstellung zu Mixgetränken. $F(13, 443) = 7{,}916$, $p \leq {,}001$; $R^2 = {,}189$. Statistisch signifikante Einflüsse sind blau unterlegt. Nur diese UV werden in den weiteren Analysen in einer reduzierten Regressionsanalyse verwendet.

**Tab. 36:** Regressionskoeffizienten

Wie wir noch darstellen werden (vgl. Kap. 4.4.4) ist für jede einzelne UV zu prüfen, ob sie im Rahmen des multiplen Regressionsmodells einen statistisch signifikanten Einfluss auf die AV ausübt. Ist dies nicht der Fall, darf diese UV nicht interpretiert werden. In der Analyse von Marta Formula ist der Einfluss von nur sieben der 13 UV signifikant. Diese sieben UV und die Konstante sind in Tab. 36 blau unterlegt. Marta Formula unterzieht diese Einflussgrößen einer neuen Regressionsanalyse, die somit nur signifikante Einflussgrößen enthält (vgl. Tab. 37).

| | Prädiktor | Regressionskoeffizient b | Standardfehler | Standardisierter Koeffizient β | t | p |
|---|---|---|---|---|---|---|
| 0 | Konstante | ,994 | ,170 | | 5,858 | ,000 |
| 1 | Alter | -,033 | ,005 | -,269 | -6,103 | ,000 |
| 2 | Markenbewusstsein | ,086 | ,043 | ,086 | 1,997 | ,046 |
| 3 | Spaß am Einkauf | ,158 | ,043 | ,157 | 3,656 | ,000 |
| 4 | Verwirrung Überangebot | ,122 | ,045 | ,119 | 2,727 | ,007 |
| 5 | Modebewusstsein | ,137 | ,043 | ,137 | 3,182 | ,002 |
| 6 | Kontaktfreudigkeit | ,134 | ,044 | ,132 | 3,052 | ,002 |
| 7 | Innovationsfreudigkeit | ,170 | ,044 | ,168 | 3,886 | ,000 |

Anmerkung: AV – Einstellung zu Mixgetränken. $F(7, 449) = 13{,}284$, $p \leq {,}001$; $R^2 = {,}172$.

**Tab. 37:** Regressionskoeffizienten (reduziertes Modell)

Die entsprechende Regressionsgleichung lautet:

$$\hat{y}_i = b_0 + b_1 x_1 + b_3 x_{3,i} + b_4 x_{4,i} + b_5 x_{5,i} + b_6 x_{6,i} + b_{11} x_{11,i} + b_{12} x_{12,i}$$

Auf die folgende Weise kann man diese Regressionsgleichung auch etwas anschaulicher darstellen:

*Einstellung zu Mixgetränken* = *,994*
− *,033 * Alter*
+ *,086 * Markenbewusstsein*
+ *,158 * Spaß am Einkauf*
+ *,122 * Verwirrung Überangebot*
+ *,137 * Modebewusstsein*
+ *,134 * Kontaktfreudigkeit*
+ *,170 * Innovationsfreudigkeit*

Es fällt auf, dass sich sowohl die Konstante $b_0$ als auch der Regressionskoeffizient des Alters $b_1$ im Vergleich zur einfachen linearen

Regression leicht geändert haben. Die Befunde auf Basis des reduzierten Modells weisen zudem leichte Abweichungen zu den in Tab. 36 aufgelisteten Koeffizienten auf (z. B. Innovationsfreudigkeit, vollständiges Modell in Tab. 36: ,164; reduziertes Modell: ,170). Es tragen nun mehr Variablen zur Erklärung der AV bei, wodurch sich die Erklärungsbeiträge verändern können.

### 4.3.4 Dummy-Variablen

Bislang hat Marta Formula nur metrisch skalierte UV in ihre Regressionsanalyse aufgenommen. Sie würde allerdings auch gerne wissen, ob das Bildungsniveau der Konsumenten Einfluss auf die Einstellung gegenüber Mixgetränken ausübt. Marta Formula hat die Bildung in ihrer Studie nominal-skaliert erfasst und dabei folgende Kodierung genutzt: 0–Hauptschule; 1–Mittlere Reife; 2–Abitur; 3–Berufsschulabschluss; 4–Studienabschluss; 5–akademischer Titel. Sie weiß, dass eine nominal-skalierte Variable nicht als UV in die Regressionsanalyse aufgenommen werden darf. Es gibt aber dennoch eine Möglichkeit, den Einfluss zu testen: Dazu ist eine Transformation in sog. **Dummy-Variablen** nötig (Cohen et al. 2003).

Wir haben bereits in Kap. 1.5.1 darauf hingewiesen, dass dichotome Variablen entscheidende Merkmale des metrischen Skalenniveaus aufweisen und deshalb bei bestimmen parametrischen Analysen eingesetzt werden können. Im Rahmen der Regressionsanalyse lassen sich natürliche dichotome Variablen (z. B. Geschlecht) als Prädiktoren verwenden. Dummy-Variablen sind ein Set von **dichotomen** Variablen, bei denen das ursprünglich nominal skalierte Merkmal in ein binäres Datenformat (0/1) transformiert wurde. Man benötigt dazu allgemein ausgedrückt k-1 Variablen, wobei k für die Anzahl der Merkmalsausprägungen steht. Die Variable Bildung im Beispiel von Marta Formula hat sechs Ausprägungen ($k = 6$). Für die Ausprägungen 1 bis 5 wird jeweils eine dichotome Variable gebildet, die den Wert 1 aufweist, wenn die Ausprägung vorhanden ist und 0 wenn nicht (z. B. Dummy-Variable Abitur ist 1, wenn der Proband Abitur hat und 0 bei jeder anderen Ausprägung wie Hauptschulabschluss oder Doktortitel). Eine Kategorie (in unserem Fall bspw. der Hauptschulabschluss) ist die Vergleichskategorie. Wenn alle Dummy-Variablen den Wert 0 haben, so weist der Proband diese Ausprägung auf. Ein signifikantes Ergebnis auf einer der Dummy-Variablen bedeutet, dass sich diese Kategorie (z. B. Abitur) von der Vergleichskategorie (hier: Hauptschulabschluss) unterscheidet. Marta Formula konnte mit dieser Methode bspw. für das Abitur einen b-Koeffizienten von ,089 ermitteln (siehe Tab. 38). Das bedeutet, dass die Einstellung gegenüber Mixgetränken bei Personen mit Abitur (bzw. einer 1 in der Dummy-Variable Abitur) um ,089 Einheiten höher ist als bei

Personen mit Hauptschulabschluss. Allerdings zeigt die Analyse von Marta Formula, dass keine der Dummy-Variablen zur Bildung einen statistisch signifikanten Einfluss auf die AV Einstellung gegenüber Mixgetränken ausübt (vgl. Tab. 38, rechte Spalte, alle p > ,050). Deshalb nimmt Marta Formula die Variable „Bildung" im weiteren Verlauf nicht in das Modell auf. Weitere Informationen zur Dummy-Codierung und zu verwandten Methoden wie der Effect-Codierung finden sich bspw. bei Cohen et al. (2003) oder bei Bortz/Schuster (2010, S. 363).

| | Prädiktor | Regressionskoeffizient b | Standardfehler | Standardisierter Koeffizient β | t | p |
|---|---|---|---|---|---|---|
| 0 | Konstante | ,945 | ,418 | | 2,262 | ,024 |
| 1 | Alter | -,036 | ,007 | -,288 | -5,379 | ,000 |
| 2 | Markenbewusstsein | ,080 | ,044 | ,079 | 1,826 | ,068 |
| 3 | Spaß am Einkauf | ,166 | ,043 | ,165 | 3,828 | ,000 |
| 4 | Verwirrung Überangebot | ,113 | ,045 | ,111 | 2,498 | ,013 |
| 5 | Modebewusstsein | ,143 | ,043 | ,143 | 3,311 | ,001 |
| 6 | Kontaktfreudigkeit | ,126 | ,044 | ,123 | 2,826 | ,005 |
| 7 | Innovationsfreudigkeit | ,177 | ,044 | ,174 | 4,000 | ,000 |
| 8 | Bildung: Realschule[1] | ,312 | ,375 | ,094 | ,833 | ,406 |
| 9 | Bildung: Abitur[1] | ,089 | ,362 | ,044 | ,247 | ,805 |
| 10 | Bildung: Berufsschule[1] | ,144 | ,360 | ,060 | ,399 | ,690 |
| 11 | Bildung: Hochschulstudium[1] | ,024 | ,364 | ,010 | ,066 | ,947 |
| 12 | Bildung: Doktortitel[1] | ,225 | ,408 | ,045 | ,552 | ,581 |

Anmerkung: AV – Einstellung zu Mixgetränken. $F(12, 440) = 8{,}396$, $p \leq ,001$; $R^2 = ,186$.
[1] Dummy-Codierung der Bildung: Basis Hauptschulabschluss (0).

**Tab. 38:** Regressionsmodell mit Bildung (Dummy-Codierung)

## 4.4 Güteprüfung

Daten einer empirischen Untersuchung liegen zumeist nicht für die Grundgesamtheit, sondern nur für eine Stichprobe vor. Auch in dem hier untersuchten Fall handelt es sich um eine zufällige Auswahl an Probanden. Es ist also fraglich, inwieweit die auf Basis der Stichprobe gewonnenen Ergebnisse (insb. die Parameter $b_j$) auch für die Grundgesamtheit gelten. Zunächst sollte man die Güte der Regressionsfunktion inhaltlich prüfen (vgl. Kap. 4.4.1) und die durch das Modell erklärte Varianz der AV bewerten (Kap. 4.4.2). Danach ist mit Hilfe statistischer Tests die Frage zu beantworten, ob die Ergebnisse der Stichprobe auf die Grundgesamtheit übertragbar sind (vgl. Kap. 4.4.3 und 4.4.4). In Kap. 4.4.5 diskutieren wir noch die Gültigkeit dieser Tests.

### 4.4.1 Inhaltliche Prüfung

Ein Regressionsmodell sollte alle relevanten Variablen erfassen und in einen sinnvollen funktionalen linearen Zusammenhang bringen. Auch die Vorzeichen der geschätzten Regressionskoeffizienten sollten plausibel sein, d. h. mit der zugrundeliegenden Theorie übereinstimmen. Beispielsweise hat Marta Formula erwartet, dass die Einstellung zu Mixgetränken positiv mit der Innovationsfreudigkeit der Konsumenten zusammenhängt. Hätte der Regressionskoeffizient dieser Variable ein negatives Vorzeichen, so müsste sie diesen Befund mit besonderer Vorsicht prüfen. Ebenso sollte das Alter negativ wirken, da Mixgetränke vorwiegend die jüngere Generation ansprechen. Die Analyse bestätigt diese Vermutung ($b_{Alter}$ = -,033). Sind die Vorzeichen der Parameter geprüft, gilt die Aufmerksamkeit ihrem Betrag. Welche Größe sollte gemäß den theoretischen Vorüberlegungen den stärksten Einfluss ausüben ($\beta$-Koeffizienten, vgl. Kap. 4.5) und ist ihr Wirkungsgrad (b-Koeffizient) so hoch wie erwartet? Sind die genannten Bedingungen erfüllt, liegt Augenscheinvalidität vor.

### 4.4.2 Bestimmtheitsmaß

Das Bestimmtheitsmaß $R^2$ (auch **Determinationskoeffizient**) entspricht dem quadrierten Korrelationskoeffizienten r (das große R steht für den multiplen Korrelationskoeffizienten mit mehreren UV). Es gibt den Anteil der Varianz der abhängigen Variablen an, welcher durch die unabhängigen Variablen erklärt wird. Je näher $R^2$ am Maximalwert 1,0 bzw. an 100 % liegt, desto besser werden die empirischen Werte der abhängigen Variablen durch die Linearkombination der unabhängigen Variablen beschrieben. Demzufolge steht die Differenz zwischen Bestimmtheitsmaß und eins (bzw. 100 % Varianzaufklärung) für den Einfluss anderer, nicht in das Modell aufgenommener Variablen (nicht erklärte Varianz, Residualvarianz). Ist das Bestimmtheitsmaß gleich eins, erklärt das Modell die abhängige Variable perfekt, d. h. alle Punkte lägen auf der Regressionsgeraden und es gäbe keine Residuen. Ein solches Ergebnis sollte allerdings eher Zweifel an der Methodik als Begeisterung auslösen; denn gerade in der sozial- und verhaltenswissenschaftlichen Forschung vereinfachen Modelle die Realität gewöhnlich und geben sie somit nicht vollständig wieder. Bei einigen Fragestellungen sollte man zwar einen hohen Erklärungsanteil erwarten (z. B. Einfluss der Einzelzufriedenheiten auf die Gesamtzufriedenheit), in vielen Fällen ist aber ein geringer Wert realistisch (z. B. Einstellungs-Verhaltens-Zusammenhang), da sich nicht alle Prädiktoren berücksichtigen lassen (z. B. Stimmungslagen, Umwelteinflüsse). Zuweilen können sogar weit geringere Bestimmtheitsmaße akzeptabel erscheinen: Wenn man z. B. zwei Variablen unterschiedlicher Spezifität in Zusammenhang bringt (z. B. allgemeine Persönlichkeitsmerkmale wie Extraversion und spezifisches Kaufverhalten wie der Kauf einer bestimmten Mixgetränke-Marke im Supermarkt X am Tag Y), so dürften geringe Erklärungsanteile nicht überraschen.

Die Forderung nach einem hohen Anteil der erklärten Varianz führt oft dazu, dass möglichst viele unabhängige Variablen in das Modell einbezogen werden. Da im ungünstigsten Fall der Beitrag einer zusätzlichen Variable null ist, kann das einfache Bestimmtheitsmaß nicht sinken. Beim Einschluss weiterer Variablen steigt das $R^2$ (oder bleibt zumindest gleich), was den Forscher dazu verleiten könnte, sehr umfangreiche Modelle zu schätzen. Wie in jedem Forschungsbereich gilt es jedoch, zwar sehr wohl ein möglichst vollständiges, aber dennoch **sparsames Modell** zu entwickeln. Von zwei Modellen mit gleichem $R^2$ ist dasjenige zu bevorzugen, das einer geringeren Zahl von Prädiktoren bedarf. Das Optimum liegt somit bei einem hohen Erklärungsbeitrag (in Form des $R^2$) und dennoch wenigen unabhängigen Variablen. Als Kriterium dient das **korrigierte Bestimmtheitsmaß $R^2_{korr}$** (vgl. Bsp. 12). Bevor man also eine weitere unabhängige Variable in die Regressionsgleichung aufnimmt, ist zu prüfen, ob dieses Maß im Vergleich zur vorherigen Gleichung steigt. Ein weiterer Prädiktor vervollständigt das Modell, wenn sich $R^2_{korr}$ erhöht, er überlastet oder „verwässert" es aber, wenn $R^2_{korr}$ sinkt. Das korrigierte Bestimmtheitsmaß kann nur bei mindestens zwei Prädiktoren sinnvoll angewandt werden.

**Beispiel 12: Bestimmtheitsmaß**

Das **Bestimmtheitsmaß** der Regressionsanalyse stellt analog zu $\eta^2$ der Varianzanalyse den Anteil der erklärten Streuung an der Gesamtstreuung dar. Die Formel lautet:

$$R^2 = \frac{\text{Erklärte Streuung}}{\text{Gesamtstreuung}} = \frac{\sum_{i=1}^{n}(\hat{y}_i - \bar{y})^2}{\sum_{i=1}^{n}(y_i - \bar{y})^2}$$

Marta Formula konnte in ihrer Studie folgendes $R^2$ ermitteln:

$$R^2 = \frac{78{,}314}{456{,}447} = {,}172 = 17{,}2\%$$

Für einen Modellvergleich und um abschätzen zu können, ob es sinnvoll ist, weitere UV in das Modell aufzunehmen, eignet sich das **korrigierte Bestimmtheitsmaß**. Um dieses zu berechnen, bereinigt der Forscher das Bestimmtheitsmaß $R^2$ um die Zahl der Freiheitsgrade, d. h. um den Einfluss der Stichprobengröße (n) und die Anzahl der UV (j). Die Formel lautet:

$$R^2_{korr} = R^2 - \frac{j(1-R^2)}{n-j-1}$$

Marta Formula ermittelt folgenden Wert:

$$R^2_{korr} = {,}172 - \frac{7(1-{,}172)}{456-7-1} = {,}159 = 15{,}9\%$$

### 4.4.3 F-Test als globales Gütekriterium

Die Güte der Analyse lässt sich mit Hilfe des F-Tests inferenzstatistisch prüfen. Wir haben die Befunde des F-Tests ebenso wie das $R^2$ in den Anmerkungen zu den Ergebnistabellen dokumentiert (vgl. Tab. 36, Tab. 37 und Tab. 38). Dieser Test beantwortet die Frage, ob der in der Stichprobe festgestellte Einfluss der unabhängigen Variablen auf die abhängige nur zufällig auftritt, d. h. ob in der Grundgesamtheit kein Zusammenhang zwischen UV und AV besteht. Ihm liegt die Nullhypothese zugrunde, dass alle Regressionskoeffizienten in der Grundgesamtheit gleich null sind (alle $b = 0$). Die Ablehnung der Nullhypothese besagt nur, dass mindestens eine UV einen statistisch signifikanten Einfluss auf die AV ausübt. Bei einer multiplen, linearen Regressionsanalyse mit mehreren UV gilt es nun zu prüfen, wie viele und welche UV eine Wirkung zeigen. Hierzu eignet sich der t-Test.

### 4.4.4 t-Test als lokales Gütekriterium

Im Gegensatz zum F-Test überprüft man mit dem t-Test nicht alle Prädiktoren gleichzeitig, sondern die einzelnen Regressionskoeffizienten. Die Auswertung für unsere Beispielstudie findet sich in den beiden rechten Spalten von Tab. 36, Tab. 37 und Tab. 38. Die Nullhypothese besagt, dass der Regressionskoeffizient einer bestimmten unabhängigen Variablen gleich null ist ($b_j = 0$). Als Entscheidungskriterium dient pro Prädiktor der t-Wert und das dazu gehörige Signifikanzniveau (vgl. Bsp. 9 in Kap. 2.1). Zeigt sich bei einem Koeffizienten ein nicht-signifikantes Ergebnis ($p > ,050$), so darf dieser Regressionskoeffizient nicht auf die Grundgesamtheit übertragen werden. Er würde demzufolge nicht in die Regressionsgleichung eingehen. Abb. 29 fasst Anforderungen für die globalen und lokalen Gütekriterien noch einmal zusammen.

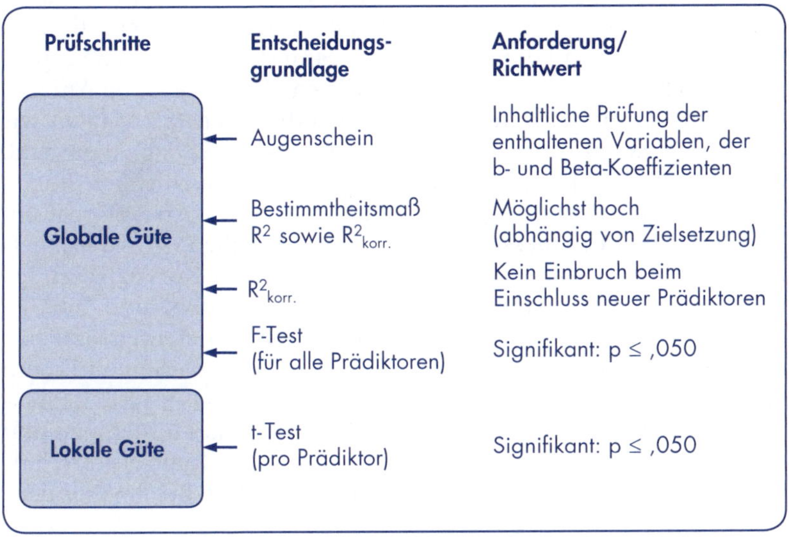


**Abb. 29:** Gütekriterien der Regressionsanalyse

### 4.4.5 Stichprobengröße und Gültigkeitsbereich

Generell gilt, dass große Stichproben eine exaktere Prognose ermöglichen. Was genau eine „große Stichprobe" ist, muss der Forscher jedoch von Fall zu Fall entscheiden. Hierzu eignen sich – wie bei jedem Verfahren – Poweranalysen, bei denen die optimale Stichprobengröße anhand des alpha-Niveaus, der Teststärke und der (erwarteten) Effektgröße bestimmt wird (vgl. Kap. 1.5.3; Faul et al. 2007; Cohen 1988). Zudem gilt als generelle Regel, dass die Zahl der Beobachtungen mindestens fünfmal (5m) so groß sein sollte wie die Zahl der unabhängigen Variablen (m; Hair et al. 2014, S. 171). Khamis/Kepler (2010) haben diese Daumenregel noch etwas präzisiert und sprechen von $n \geq 20 + 5m$. Bei einem geringeren Verhältnis ist die Gefahr des Overfitting und der Anpassung der Befunde an die Stichprobe sehr groß. Als erstrebenswert werden sogar mind. 15 bis 20 Beobachtungen pro UV angesehen (d. h. bei 3 UV 45-60 Beobachtungen). Aber selbst große Stichproben bergen Risiken. Es erweisen sich möglicherweise fast alle, auch sehr geringe, Regressionskoeffizienten als signifikant. Wie im Folgenden dargestellt, gilt es deshalb auch immer, die praktische Relevanz der statisch signifikanten Befunde zu prüfen.

## 4.5 Interpretation

Bei der multiplen, linearen Regressionsanalyse können wie im Beispiel von Marta Formula auch mehrere Prädiktoren einen statistisch signifikanten Einfluss auf die AV ausüben. Dann stellt sich die Frage, welcher dieser Prädiktoren dabei den stärksten Einfluss ausübt. Anhand der bisher besprochenen Regressionskoeffizienten ($b_j$) können wir dies nicht ablesen, da diese von der Skalierung der UV abhängig sind. Zum Beispiel hätte das Einkommen einen unterschiedlich hohen Regressionskoeffizienten je nachdem, ob wir es in Euro, Euro-Cent oder Tausend Euro messen. Der Forscher kann die Regressionskoeffizienten (b) aber standardisieren und in sog. **Beta-Koeffizienten** ($\beta_j$) überführen (dritte Spalte von rechts in Tab. 36, Tab. 37 und Tab. 38). Anhand dieser **standardisierten Regressionskoeffizienten** lässt sich nun die Stärke des Einflusses der UV auf die AV bewerten und somit auch der Einfluss mehrerer UV vergleichen. Standardisierte Regressionskoeffizienten können Werte im Bereich -1 bis 1 annehmen und ihre Stärke ist wie die eines Pearson-Produkt-Moment-Korrelationskoeffizienten zu interpretieren. Hohe absolute Beta-Werte deu-

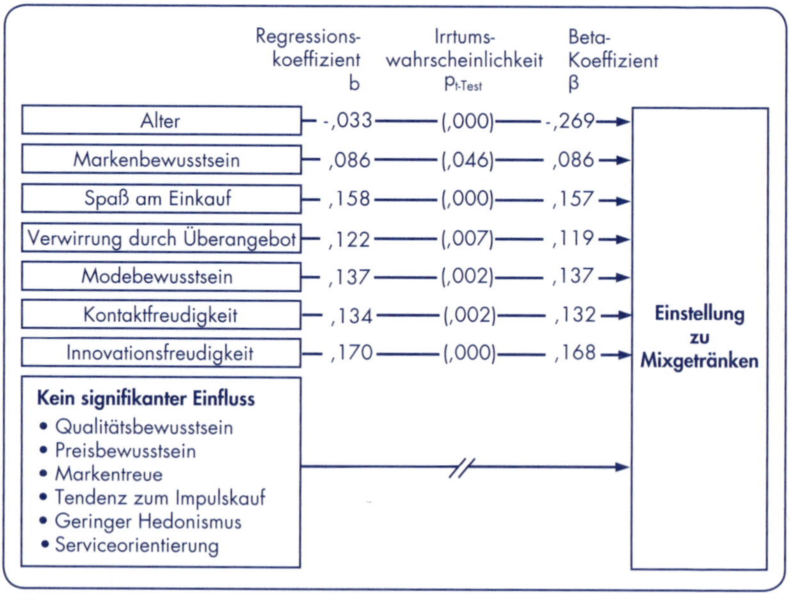


**Abb. 30:** Signifikante Einflussgrößen der Einstellung zu Mixgetränken

ten auf einen starken Einfluss des Prädiktors hin. Am Beispiel der abhängigen Variablen „Einstellung zu Mixgetränken“ erreicht der Prädiktor „Alter“ mit -,269 den höchsten Einfluss (vgl. Abb. 30). Den schwächsten Effekt, der aber dennoch signifikant ausfällt, übt mit ,086 die unabhängige Variable „Markenbewusstsein“ aus.

Einen weiteren Hinweis auf die Einflussstärke der Prädiktoren liefert der **Anstieg des Bestimmtheitsmaßes**. Hierfür werden mehrere Regressionsanalysen gerechnet, wobei die Prädiktoren nacheinander in sukzessive umfangreichere Modelle aufgenommen werden. Jeder zusätzliche Prädiktor erklärt einen weiteren Teil der Varianz; für das inkrementelle $R^2$ gilt: $R^2_{inkrementell} \geq ,0$. Die Prognose kann sich somit bei Einschluss neuer Variablen nicht verschlechtern. In unserem Beispiel würde zunächst das Alter als wichtigster Prädiktor in das Modell eingeschlossen werden, um die AV „Einstellung gegenüber Mixgetränken“ zu erklären. Das Alter erklärt bereits 6,4 % der Varianz der AV. Das ist zweifellos von praktischer Bedeutung. Der zweite Prädiktor (Innovationsfreudigkeit) trägt weitere 2,8 % zur Prognose bei usw. (vgl. Abb. 31). Die praktische Bedeutsamkeit dieses Prädiktors ist damit deutlich geringer.

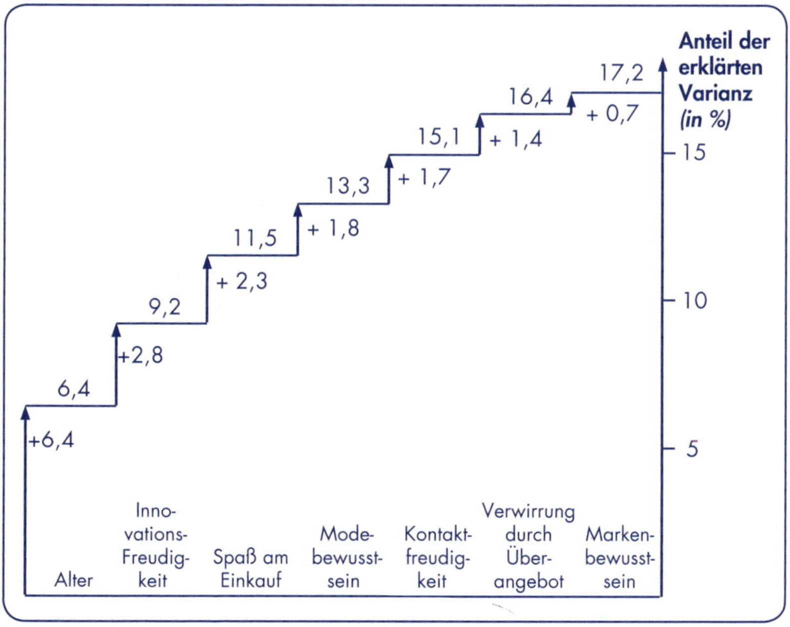


**Abb. 31:** Anstieg der erklärten Varianz

Bei der Interpretation des Einflusses der statistisch signifikanten Regressionskoeffizienten sollte man die Datengrundlage beachten.

So kann der Regressionskoeffizient nur für den gemessenen **Wertebereich** der abhängigen und unabhängigen Variablen gelten (z. B. Alter von 17 bis 47). Der Wertebereich darf also nicht einfach fortgeschrieben werden. Nehmen wir das Beispiel einer S-förmigen Werbewirkungskurve eines TV-Sports: Zunächst wirkt der Spot kaum; erst ab einem gewissen Werbedruck wird die Zielgruppe zunehmend aufmerksam; zu viele Schaltungen reduzieren diese Wirkung dann wieder. Lägen nur Daten für den mittleren Bereich der Kontakthäufigkeit vor, würde die lineare Regression zufriedenstellende Ergebnisse erzielen. Nimmt ein Unternehmen nun an, dass doppelt so viele Kontakte immer einen gleichen Zuwachs an Werbewirkung erzielen, erläge es jedoch einem fatalen Irrtum.

## 4.6 Dokumentation für Praktiker

Die Ergebnisse einer Regressionsanalyse leicht verständlich darzustellen und zu erklären, ist gerade in der Praxis nicht selten eine anspruchsvolle Aufgabe. Aussagen wie „Die unabhängigen und die abhängige Variablen variieren gemeinsam." oder „Ein Teil der Varianz der AV lässt sich durch die UV erklären." sollte Marta Formula bei ihrer Präsentation vor der Geschäftsführung möglichst vermeiden. Derartige Aussagen stoßen bei Praktikern oft auf wenig Verständnis. Ein statistisch kaum versierter Adressat (wie Herr Füller im Beispiel von Marta Formula) kann auch wenig mit einem Regressionskoeffizienten oder gar seiner standardisierten Variante anfangen. Wer sein Publikum zudem mit Bestimmtheitsmaß und Signifikanzniveaus belastet, wird kaum auf Gegenliebe stoßen. Doch wie kann Marta Formula ihre regressionsanalytischen Ergebnisse anschaulich erklären, ohne sie zu verfälschen und Einschränkungen zu verschweigen? Beginnen könnte sie ihre Ausführungen zur Regressionsanalyse damit, dass sie die Prädiktoren mit „Stellschrauben" vergleicht, mit denen Manager am Erfolg von morgen „drehen" können. Dazu empfiehlt sich eine Grafik, die alle einbezogenen Größen zeigt, auch jene, die keinen Einfluss haben. Die Leistung der Regressionsanalyse wird nämlich besonders dann deutlich, wenn sich die Vielzahl möglicher Einflussgrößen auf wenige entscheidende eingrenzen lässt (vgl. Abb. 32). Am verständlichsten dürfte der Begriff „Multiplikator" für die Rolle des Regressionskoeffizienten sein. Wichtig ist, dass Marta Formula ihn nicht als Einflussstärke interpretiert. So hat die Variable „Alter" eine weitaus größere Spannweite als die anderen UV. Daher steht ihr Multiplikator -,033 für einen stärkeren Einfluss als z. B. ,122 vom Faktor „Verwirrung durch Überangebot".

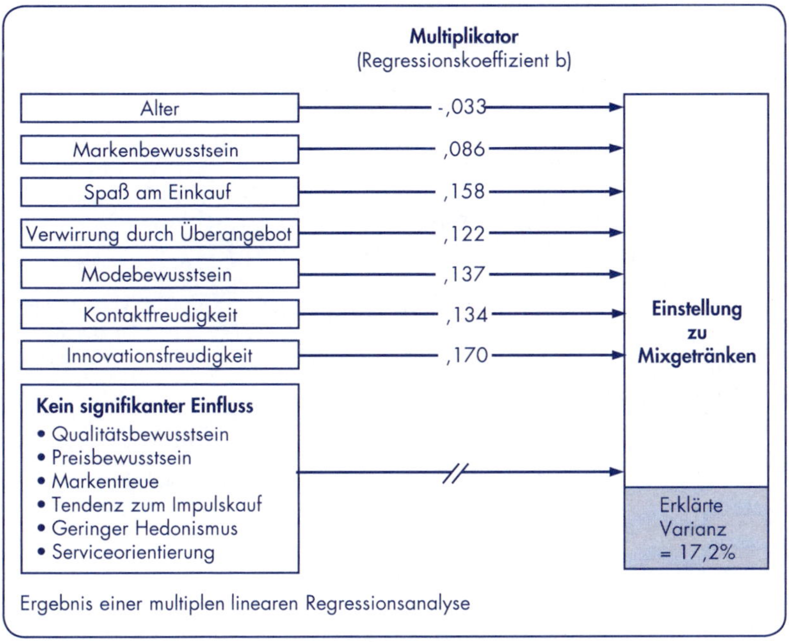


**Abb. 32:** Einflussgrößen der Einstellung zu Mixgetränken

Den Anteil der erklärten Varianz sollte Marta Formula keinesfalls verschweigen, da die Ergebnisse andernfalls unglaubwürdig erscheinen. Es muss deutlich werden, dass der verbleibende Teil der Varianz der AV sich entweder durch andere Größen steuern lässt (z. B. durch die Preispolitik) oder sich dem Einfluss des Unternehmens entzieht (z. B. gesellschaftlicher Trend zu stärkerem Gesundheitsbewusstsein, was die Verschmähung zuckerhaltiger Limonade impliziert).

Abb. 33 demonstriert, wie sich die Einflussstärke der Prädiktoren veranschaulichen lässt. Die Darstellung bietet sich dann an, wenn die restliche Präsentation bereits mit Balkendiagrammen überlastet ist. Außerdem wird hier die Funktion der Einflussgrößen als „Stellschrauben“ betont. Der Füllstand macht möglicherweise auch die Problematik der erklärten Varianz verständlicher.

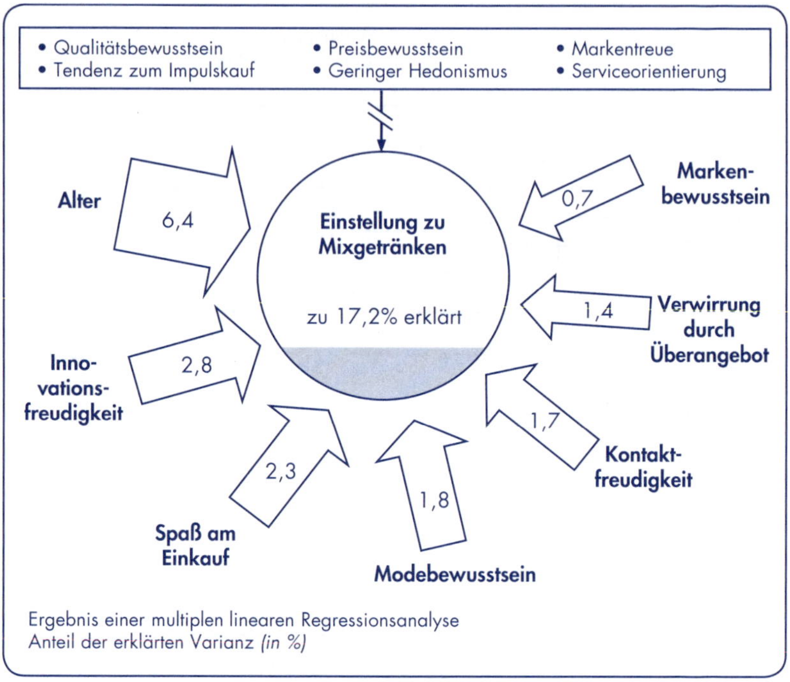


**Abb. 33:** Beitrag zur Variablen „Einstellung zu Mixgetränken"

## 4.7 Ausblick auf verwandte Verfahren

Wir haben in diesem Kapitel nur die lineare Regressionsanalyse betrachtet, die sowohl metrische UV als auch eine metrische AV erfordert. Die Spielarten der Regressionsanalyse sind allerdings sehr vielfältig. Die **logistische Regressionsanalyse** kann eingesetzt werden, wenn die abhängige Variable nominal skaliert ist. Es soll eine dichotome (0/1)-Variable vorhergesagt, d. h. jeweils die Wahrscheinlichkeit geschätzt werden, zu der die beiden Ereignisse (AV = 0 und AV = 1) in Abhängigkeit von der UV eintreten können. Die **multi-nominale logistische** Regression kommt zum Einsatz, wenn die AV mehr als zwei Ereignisse umfasst und die ordinale Regression, wenn sich die Ausprägungen der AV in eine Rangordnung bringen lassen (Gerpott/Mahmudova 2006). Verschiedene Verfahren existieren für bestimmte besondere Verteilungen der abhängigen Variablen. Ein Beispiel ist die **Tobit-Regression** (Tobin 1958), die bei einer beschränkten AV (censored variables) eingesetzt werden kann (nicht-negative AV mit stark gehäuftem Auftreten des Wertes 0). Würde man bspw. nach der Intention der Kunden, Limonatik zu boykottieren, auf einer Skala von 0 (unwahrscheinlich) bis 10 (sehr wahrscheinlich) fragen, so würde die Skala vermutlich keiner Normalverteilung folgen, sondern der Wert 0 würde besonders häufig auftreten.

Es sollte noch darauf hingewiesen werden, dass sich mehrere in diesem Buch besprochenen Verfahren (t-Test, ANOVA, Regressionsanalyse) aus derselben grundlegenden Logik ableiten lassen und dass sie deshalb als Spezialfälle eines sog. **Allgemeinen Linearen Modells** (ALM bzw. Generalized Linear Model, GLM) verstanden werden können (mehr dazu z. B. bei Sedlmeier/Renkewitz 2013, S. 609 ff.; Fox 2015; Bortz/Schuster 2010, S. 363 ff.; Cohen et al. 2003). Dieses Modell basiert wie die Regressionsanalyse auf Linearkombinationen. Gruppenunterschiede (wie beim t-Test oder der ANOVA) werden durch dichotome Prädiktoren modelliert. Aus diesem Grund ist die oben besprochene Dummy-Kodierung hier von besonderem Interesse.

Die Regressionsanalyse kann auch zur Theorieentwicklung eingesetzt werden. Dabei interessieren häufig komplexere Zusammenhänge als nur der Einfluss einer (oder mehrerer) unabhängigen Variablen auf eine abhängige Variable. Insbesondere relevant sind dabei zwei Formen von Drittvariablen:

- **Mediation**: Mediatorvariablen vermitteln den Einfluss von einer unabhängigen Variablen auf die abhängige Variable. Sie erklären damit, wie die UV auf die AV wirkt. Marta Formula könnte bspw. annehmen, dass die UV Spaß am Einkaufen die AV Einstellung gegenüber Mixgetränken beeinflusst, weil der Spaß (UV) die Gemütslage (= Mediator) verbessert, was wiederum zu einer positiveren Einstellung führt. Ein klassisches Verfahren zur Prüfung von Mediationseffekten haben Baron/Kenny (1986) vorgeschlagen. Es besteht aus einer Abfolge von drei Regressionsanalysen, bei denen (etwas verkürzt ausgedrückt) der Einfluss der unabhängigen auf die abhängige Variable mit und ohne Mediator verglichen wird. Der Sobel-Test bietet einen Signifikanz-Test des indirekten Pfades von der UV über die Mediatorvariablen auf die AV (Sobel 1982). Eine kritische Betrachtung dieser ursprünglichen Methoden und mehr Informationen zur Mediationsanalyse findet sich u. a. bei Pieters (2017) und Zhao et al. (2010).
- **Moderation**: Eine Moderatorvariable beeinflusst die Stärke und/oder die Form des Zusammenhangs zwischen der UV und der AV. Möglicherweise ist der Einfluss der Innovationsfreudigkeit (UV) auf die Einstellung gegenüber Mixgetränken (AV) abhängig vom Einkommen des Konsumenten (Moderatorvariable). Im Rahmen einer Regressionsanalyse prüft man Moderatoreffekte dadurch, dass neben dem Prädiktor (unabhängige Variable) auch die Moderatorvariable (als zweite unabhängige Variable) und das Produkt aus Prädiktor und Moderatorvariable als Interaktionsterm in das

Modell aufgenommen werden. Viele Autoren empfehlen die unabhängigen Variablen zu standardisieren oder zu zentrieren (d. h. von den einzelnen Werten den Mittelwert abzuziehen, sodass der neue, zentrierte Mittelwert 0 entsteht), damit der Interaktionsterm besser interpretierbar ist (Cohen et al. 2003).

Zur Prüfung des Einflusses von Mediator- und Moderatorvariablen verbreitet sich das frei-zugängliche Makro „**Process**" von Andrew Hayes, das für gängige Statistiksoftware wie SPSS und SAS verfügbar ist (www.processmacro.org/) und mit dessen Hilfe auch komplexere moderierte Mediationen und mediierte Moderationen berechnet werden können (Hayes 2013). Eine weitere Möglichkeit, komplexe Zusammenhänge zu modellieren, besteht in der Anwendung der **Strukturgleichungsmodellierung**. Strukturgleichungsmodelle setzen sich aus einem Strukturmodell, welches die Beziehungen zwischen den latenten Variablen beschreibt (ähnlich wie die Regressionsanalyse), und Messmodellen, welche die latenten Variablen durch manifeste Indikatoren operationalisieren (ähnlich wie die Faktorenanalyse), zusammen (z. B. Weiber/Mühlhaus 2014; Jöreskog/Sörbom 1982; Anderson/Gerbing 1988). Übliche Software-Pakete hierfür sind LISREL, AMOS, EQS oder MPLUS. In den letzten Jahren hat mit dem **PLS-Ansatz** ein zweiter Ansatz der Strukturgleichungsmodellierung weite Verbreitung gefunden, der (im Gegensatz zum oben genannten „kovarianzbasierten", „harten" Ansatz) als „varianzbasiert" oder „weich" bezeichnet wird (Wold 1982; Hair et al. 2011, 2016). Beim PLS-Ansatz werden zur Beurteilung einzelner Wirkungspfade die Standardfehler der Modellparameter mit Hilfe von Resample-Methoden (d. h. durch die wiederholte Ziehung von Stichproben aus dem Datensatz) berechnet (z. B. Bootstrapping; Lohmöller 1989). Es existieren verschiedene Softwarepakete; am häufigsten findet derzeit die Software SmartPLS Anwendung (https://www.smartpls.com/).

Schließlich werden in der Marketing-Forschung auch immer häufiger **Mehrebenen-Regressionen** durchgeführt (Raudenbush/Bryk 2002; Wieseke et al. 2008). Sie kommen zum Einsatz, wenn die untersuchten Fälle eine hierarchische bzw. genestete Struktur aufweisen. Beispielsweise könnten Konsumenten aufgrund ihrer Herkunft geordnet werden. Ihre Loyalität gegenüber einer Marke könnte von individuellen Einflüssen (pro Person gemessen), aber auch von der kulturellen Zugehörigkeit abhängen (pro Land gemessen; Krautz/Hoffmann 2017). Auch für die Mehrebenen-Regressionen existieren verschiedene Softwarepakete; weit verbreitet ist HLM (Hierarchical Linear Modelling, http://www.ssicentral.com/hlm/).

## 4.8 Literaturempfehlungen

Backhaus, K., Erichson, B., Plinke, W., & Weiber, R. (2015). *Multivariate Analysemethoden: Eine anwendungsorientierte Einführung* (14. Aufl.). Berlin: Springer, Kap. 1, S. 63-134.

Cohen, J., Cohen, P., West, S. G., & Aiken, L. S. (2002). *Applied Multiple Regression /Correlation Analysis for the Behavioral Sciences* (3rd ed.). Mahwah, NJ: Lawrence Erlbaum.

Fox, J. (2015). *Applied Regression Analysis and Generalized Linear Models* (3rd ed.). Thousand Oaks: Sage.

Hair, J. F. Jr., Black, W. C., Babin, B. J., & Anderson, R. E. (2014). *Multivariate Data Analysis* (7th ed.). New Jersey: Pearson, Kap. 4, S. 151-230.

Wooldridge, J. M. (2016). *Introductory Econometrics: A Modern Approach* (6th ed.). Mason: Cengage Learning.

## 4.9 Lernhilfen

### 4.9.1 Kontrollfragen

1. Ergänzen Sie die Lückentexte.

   Mit Hilfe von ................................ lässt sich die Stärke des Einflusses zweier oder mehrerer unabhängiger Variablen überprüfen. Hohe absolute Beta-Werte sprechen für einen ........................ Einfluss eines Prädiktors auf die abhängige Variable. Ob eine weitere aufgenommene unabhängige Variable auch einen zusätzlichen Erklärungsbeitrag leistet, kann man weiterhin aus dem Anstieg des ............................................................... ablesen.
2. Nach welcher Maßgabe wird die Regressionsanalyse geschätzt? Welches Minimierungsproblem soll dabei gelöst werden?
3. Was versteht man unter Autokorrelation? Bei welchen Daten ist es wichtig, auf Autokorrelation zu prüfen?
4. Welche der folgenden Aussagen sind richtig?

   ☐ Der Regressionskoeffizient (b) entspricht bei der einfachen linearen Regressionsanalyse dem Wert der Steigung der linearen Regressionsgeraden.

   ☐ Der t-Test prüft die lokale Güte einer Regressionsanalyse. Er testet für alle unabhängigen Variablen gemeinsam, ob sich die Regressionskoeffizienten von 0 unterscheiden.

   ☐ Damit der F- und der t-Test interpretiert werden dürfen, müssen die Residuen bei einer multiplen Regressionsanalyse der Normalverteilung folgen.

### 4.9.2 Vernetzungsaufgaben

Sie sollen nun eine multiple Regressionsanalyse rechnen. Die abhängige Variable ist „mix1“ („Ich mag es, Mixgetränke zu trinken.“). Als unabhängige Variablen fließen die folgenden Variablen ein: fak1_reg_hedo: Spaß am Einkauf/Hedonismus, fak2_reg_mb: Markenbewusstsein, fak3_reg_qb: Qualitätsbewusstsein, fak4_reg_inno: Innovationsakzeptanz, fak5_reg_mt: Markentreue, fak6_reg_kf: Kontaktfreudigkeit.

1. Berechnen Sie die Regressionskoeffizienten und stellen Sie die Regressionsgleichung auf. Verwenden Sie dabei die „Schrittweise Methode“. Wie beurteilen Sie Richtung und Stärke des Einflusses, den die einzelnen UV auf die AV ausüben?
2. Betrachten Sie nun das Bestimmtheitsmaß und das korrigierte Bestimmtheitsmaß. Welche Aussagen lassen sich aus beiden Werten ableiten?
3. Prüfen Sie die globale und die lokale Güte des berechneten Regressionsmodells.

**Den Datensatz für eigene Berechnungen** finden Sie auf www.vahlen.de bzw. dem QR-Code:

# Clusteranalyse 5

## 5.1 Ziel

**Fallbeispiel Limonatik**
Bei ihren bisherigen Analysen hat sich Marta Formula mit der Frage beschäftigt, durch welche Größen die Einstellung gegenüber Mixgetränken beeinflusst wird. Sie hat dabei einiges über die potenziellen Käufer des neuen Getränkes erfahren können. Sie vermutet jedoch, dass es mehrere Kundentypen gibt, die ganz unterschiedlich gegenüber Mixgetränken eingestellt sind. Möglicherweise gibt es bestimmte Kundentypen wie „Markenbewusste", „Preisorientierte", „Genussorientierte", „Partytrinker", „Gesundheitsbewusste" oder „Limonadenverschmäher". Sie fragt sich deshalb, ob die bereits erhobenen soziodemografischen, produkt- und markenrelevanten Merkmale auch dazu dienen können, um Kundengruppen zu bilden.

**Bei der Clusteranalyse sind folgende Fragen zu klären:**
- *Anhand welcher Variablen können Konsumenten oder Objekte (z. B. Unternehmen) zu Segmenten gruppiert werden?*
- *Wie viele Segmente lassen sich unterscheiden?*
- *Wie lassen sich die Segmente beschreiben?*

Marktforscher segmentieren Kunden häufig mit der Absicht, die Zielgruppe(n) eines Unternehmens näher zu definieren. Auch für Marta Formula ist das eine Frage, der sie nachgehen möchte. Steht hierfür nur ein Merkmal zur Verfügung, bedarf es keiner aufwendigen Analyse: Marta Formula teilt einfach die Stichprobe in Männer und Frauen (Merkmal = Geschlecht), Käufer und Nicht-Käufer (Merkmal = Kauf) oder gut situierte und weniger gut situierte Kunden (Merkmal = Einkommen). Wie lassen sich aber Kundengruppen auf Basis mehrerer Merkmale bilden? Antworten auf solche und ähnliche Fragestellungen liefert die Clusteranalyse. Als multivariates Analyseverfahren deckt sie Strukturen in einem Datensatz auf, indem sie Objekte bzw. Personen (z. B. Kunden, Marken, Probanden) in Gruppen, den sog. **Clustern** zusammenfasst. Die Cluster werden so gebildet, dass sich die in einem Cluster enthaltenen Objekte in mehreren Eigenschaften untereinander ähneln und sich von den Objekten anderer Cluster unterscheiden.

Ähnlich wie die Faktorenanalyse soll die Clusteranalyse Komplexität reduzieren. Während die Faktorenanalyse aber Variablen zu Faktoren zusammenfasst, gruppiert die Clusteranalyse im Regelfall Objekte oder Personen.

Ziel der Clusteranalyse ist es demzufolge, Objekte mit ähnlichen Merkmalsausprägungen zu Gruppen zusammenzufassen, die intern möglichst homogen sind und die sich möglichst gut von anderen Gruppen abgrenzen lassen. Anders ausgedrückt: Unterschiede innerhalb der Cluster sollten möglichst gering sein, während sich die Cluster untereinander möglichst stark unterscheiden sollten. In Abb. 34 ist dieses Prinzip schematisch anhand von geometrischen Figuren dargestellt, die auf Basis der Merkmale Größe, Farbe und Form zu Clustern vereint wurden.

Die Clusteranalyse wird in der Marketing-Forschung meist zur **Marktsegmentierung** eingesetzt und es werden meist Personen „geclustert". So könnte man fragen, ob sich Konsumenten anhand ihres Lebensstils in homogene Segmente einteilen lassen. Sung (2004, S. 344 ff.) nutzt bspw. vier Merkmalsgruppen, um amerikanische Abenteuerreisende zu klassifizieren (demografische, sozioökonomische und reisebezogene Eigenschaften sowie die wahrgenommene Wichtigkeit der Komponenten einer Abenteuerreise). Es ergeben sich sechs Kundentypen, wie z. B. der „Familienurlauber" oder der „aktive Einzelgänger". Mai/Hoffmann (2012) unterscheiden verschiedene Segmente von Joghurt-Käufern (insb. Taste Lovers vs. Nutrition Fact Seekers), wobei die Cluster auf Basis der Angaben bestimmt werden, wie wichtig den Probanden Produktmerkmale wie Geschmack, Preis etc. sind. Es ist aber auch möglich, Nationen, Unternehmen, Marken sowie Variablen zu gruppieren. So könnte man fragen, ob sich Segmente von Unternehmen finden lassen, die ähnliche Marketing-Strategien verfolgen. Müller/Gelbrich (2015, S. 256 ff.) bilden Kulturcluster, indem sie Länder auf Basis der Kultur-Dimensionen von Hofstede zusammenfassen.

Marta Formula liegen die Daten von 471 Probanden vor, die zu ihrer Einstellung gegenüber Mixgetränken, sowie zu ihren Konsumgewohnheiten und Freizeitaktivitäten befragt worden sind. Sie möchte die Befragten anhand der Dimensionen „Qualitätsbewusstsein", „Preisbewusstsein", „Markenbewusstsein" und „Markentreue" zu Kundentypen verdichten. Jeder Dimension liegen bis zu fünf Items zugrunde. Diese hatte Marta Formula vorab mit einer Faktorenanalyse auf vier Faktoren reduziert (vgl. Kap. 3 „Faktorenanalyse").

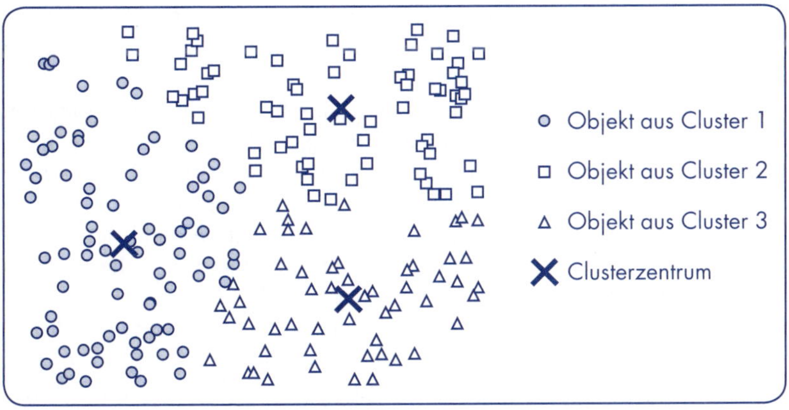


**Abb. 34:** Schematische Darstellung der Grundidee der Clusteranalyse

## 5.2 Voraussetzungen

Im Gegensatz zur Varianz- und Regressionsanalyse handelt es sich bei der Clusteranalyse nicht um eine Dependenz-, sondern um eine **Interdependenzanalyse** (Hair et al. 2014, S. 13), bei der es keine unabhängigen und abhängigen Variablen gibt.

Die Clusteranalyse stellt im Gegensatz zur Varianz- und Regressionsanalyse keine Anforderungen an das **Skalenniveau** der einbezogenen Variablen. Es lassen sich sowohl metrische als auch nominale und ordinale Daten nutzen und es können verschiedene Skalenniveaus kombiniert werden (vgl. Tab. 39). Vom Skalenniveau hängt jedoch die Wahl des Proximitätsmaßes, d. h. des Ähnlichkeits- bzw. Distanzmaßes, ab (vgl. Kap. 5.3.2).

| | |
|---|---|
| **Art der Analyse** | Interdependenzanalyse (Zusammenfassung mehrerer Fälle in wenige Cluster) |
| **Anzahl Variablen** | Mehrere (keine Einteilung in AV und UV) |
| **Skalenniveau** | Nominal, ordinal, metrisch |

**Tab. 39:** Kurzcharakterisierung der Clusteranalyse

Auch für die **Anzahl der Variablen**, die in eine Clusteranalyse eingehen sollen, gibt es keine Empfehlung. Es ist aber nicht sinnvoll, so viele Variablen wie möglich in eine Clusteranalyse aufzunehmen, da irrelevante Größen das Ergebnis verzerren können (Milligan/Cooper 1987, S. 350). Vielmehr sollte der Forscher nur jene Indikatoren einbeziehen, die mit seiner Forschungsfrage korrespondieren und von denen er annimmt, dass sie die Daten in sinnvolle Gruppen trennen (Saunders 1994, S. 16). Alle Merkmale sollten allerdings dazu beitragen, die Cluster zu unterscheiden. Wenn zwei Items stark voneinander abhängen, d. h. nahezu den gleichen Sachverhalt messen, so ist eines entbehrlich. Wenn Marta Formula bspw. ihre Probanden befragt hätte, wie häufig sie Limonade trinken und wie oft sie Limonade kaufen, so wäre zu erwarten, dass diese beiden Variablen nahezu dieselben Informationen liefern. Eine der beiden hoch korrelierten Variablen wäre dann für die Clusteranalyse ausreichend. Falls die Variablen die Voraussetzungen für eine Faktorenanalyse erfüllen, empfiehlt es sich, Merkmale, die stark korrelieren, vorab durch eine Faktorenanalyse mit orthogonaler Rotation zu verdichten. Auf diesem Wege gebildete Faktoren sind unabhängig voneinander und eignen sich somit als Grundlage für eine Clusteranalyse (Breckenridge 2000, S. 266). Zudem lässt sich dann auch das Ergebnis leichter interpretieren, denn die Faktorenanalyse reduziert viele Merkmale zumeist auf wenige Faktoren (Saunders 1994, S. 16).

Die Clusteranalyse führt keinen inferenzstatistischen Test durch, sodass keine Verteilungsannahmen bestehen. Deshalb muss auch nicht durch eine ausreichend große Stichprobe die statistische Power (Teststärke) sichergestellt werden. Die **Stichprobe** sollte jedoch repräsentativ und so groß sein, dass auch kleine Cluster in der Grundgesamtheit durch die Stichprobe abgebildet werden können (Backhaus et al. 2015, S. 510).

## 5.3 Durchführung

### 5.3.1 Ausgangs-/Rohdatenmatrix

Der Ausgangspunkt für eine Clusteranalyse ist die Ausgangs- bzw. Rohdatenmatrix mit k Fällen (Probanden, Objekte) und x Variablen (Merkmale). Bereits daran lassen sich **per Augenschein** ähnliche Fälle identifizieren. Je mehr Variablen und je mehr Fälle vorliegen, desto aufwendiger wäre jedoch dieses unsystematische Verfahren.

In Tab. 40 ist ein Ausschnitt einer Ausgangsdatenmatrix dargestellt. In unserem Beispiel gibt sie nicht die ursprünglichen Antworten der Probanden wieder, sondern die Faktorwerte. Letztere stammen aus einer Faktorenanalyse über mehrere Items zum Marken-, Qualitäts- und Preisbewusstsein sowie der Markentreue, die Marta Formula im Vorfeld durchgeführt hat. Ein Faktorwert lässt sich nicht mehr gemäß der ursprünglichen Skala (z. B. „lehne voll und ganz ab“ bis „stimme voll und ganz zu“) interpretieren. Marta Formula erkennt aber bspw., dass Person 4 mehr Wert auf Marken legt als Person 48 (2,03 vs. -1,32).

| | Marken-bewusstsein | Qualitäts-bewusstsein | Preisbe-wusstsein | Marken-treue |
|---|---|---|---|---|
| Person 4 | 2,03 | ,10 | 1,70 | ,52 |
| Person 28 | ,85 | -,78 | -,27 | ,14 |
| Person 37 | ,04 | 1,74 | ,12 | -,49 |
| Person 48 | -1,32 | -,14 | -,44 | -,90 |
| Person 57 | 1,70 | ,66 | -,43 | -,60 |
| ... | ... | ... | ... | ... |
| Person 471 | -1,56 | ,45 | -,73 | 1,43 |

**Tab. 40:** Ausgangsdatenmatrix (ausgewählte Fälle aus n = 471)

Eine Clusteranalyse kann **verschiedenartig skalierte Daten** verarbeiten (z. B. siebenstufige Rating-Skalen und in Euro gemessenes Einkommen). Zudem könnten die Variablen unterschiedlich stark streuen (z. B. starke vs. schwache Wölbung der Verteilung bzw. stark unterschiedliche Mittelwerte und Varianzen; Milligan/Cooper 1987, S. 350). Werden bspw. verhältnisskalierte Variablen wie das Alter oder das persönliche Netto-Einkommen sowie eine (quasi-)intervallskalierte Variable wie das Markenbewusstsein (siebenstufige Skala) in die Analyse einbezogen, so liegt es auf der Hand, dass die Mittelwerte und auch die Varianzen erheblich voneinander abweichen. Eine Clusteranalyse ist dennoch möglich. Um die unterschiedlichen Skalen zu verarbeiten, empfiehlt es sich jedoch, die Daten vor der Clusteranalyse zu **standardisieren** (vgl. Kap. 1.5.2). In unserem Fallbeispiel bedarf es allerdings keiner Standardisierung. Zum einen hat Marta Formula die ursprünglichen Items einheitlich auf einer siebenstufigen Skala von „-3" bis „+3" erhoben. Zum anderen lieferte die von ihr durchgeführte Faktorenanalyse bereits standardisierte Faktorwerte.

## 5.3.2 Ähnlichkeits- bzw. Distanzmaße

Liegt die Ausgangsmatrix vor, stellt sich die Frage, wie stark ein Objekt einem anderen ähnelt. Antwort geben sog. Proximitätsmaße. Sie lassen sich in Ähnlichkeits- und Unähnlichkeits- bzw. Distanzmaße unterscheiden (Bacher et al. 2010, S. 195). Eine hohe Ausprägung eines **Ähnlichkeitsmaßes** signalisiert, dass zwei Objekte auf den eingeschlossenen Variablen ähnliche Werte aufweisen. Im Gegenzug dazu ist die Ausprägung bei einem **Distanzmaß** umso kleiner, je ähnlicher sich zwei Objekte sind. Es existieren sowohl zahlreiche Ähnlichkeits- als auch Distanzmaße, die je nach Fragestellung (Clusterung von Objekten oder Variablen), Skalenniveau der Daten etc. zum Einsatz kommen können. Der Forscher muss ein für seine Daten geeignetes Proximitätsmaß auswählen. Für einen umfassenden Überblick zu Ähnlichkeits- und Distanzmaßen verweisen wir auf Backhaus et al. (2015, S. 472 ff.); Bacher et al. (2010) und Bortz/Schuster (2010, S. 454 ff.) und stellen hier nur die Minkowski-Metrik als weit verbreitetes Distanzmaß für metrisch skalierte Daten vor.

In Bsp. 13 ist die Berechnung der **Minkowski-Metrik** dargestellt. Dabei zeigen wir auch beispielhaft die Unterschiede zwischen City Block, euklidischer Distanz und quadrierter euklidischer Distanz.

**Beispiel 13: Minkowski-Metrik**

Die Distanz zwischen zwei Objekten berechnet sich nach der **Minkowski-Metrik** folgendermaßen:

$$d_{A,B} = \left[ \sum_{j=1}^{J} \left| X_{A_j} - X_{B_j} \right|^r \right]^{\frac{1}{c}}$$

$d_{A,B}$ Distanz zwischen Objekt A und Objekt B

$x_{Aj}$ Ausprägung der Variable j bei Objekt A

$x_{Bj}$ Ausprägung der Variable j bei Objekt B

r, c Minkowski-Parameter (Werte sind abhängig vom Distanzmaß)

| Minkowski-Konstante / Distanzmaß | r | c |
|---|---|---|
| City Block | 1 | 1 |
| Euklidische Distanz | 2 | 2 |
| Quadratische euklidische Distanz | 2 | 1 |

An einem einfachen Beispiel mit nur zwei Merkmalsvariablen (Marken- und Preisbewusstsein) und zwei Objekten sollen nun die drei Varianten der Minkowski-Metrik grafisch und rechnerisch erläutert werden. Die Distanz zwischen den Objekten A und B lässt sich in einem Koordinatensystem als Strecke abtragen. Person A zeigt ein gering ausgeprägtes Markenbewusstsein, ist jedoch sehr preisbewusst. Solche Konsumenten nennt man gewöhnlich „Schnäppchen-Jäger". Bei Person B ist es umgekehrt: Marken spielen eine entscheidende Rolle bei der Kaufentscheidung, der Preis hingegen nicht. Um die möglichen Distanzmaße voneinander abzugrenzen, bietet es sich an, die Koordinaten durch ein rechtwinkliges Dreieck zu verbinden.

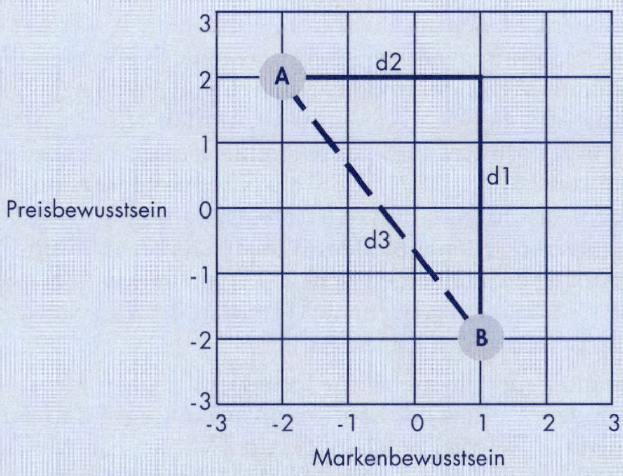


Die **City Block-Metrik** (Parameter: r = c = 1) fasst die Summen der Katheten als Distanz auf („Welche Strecke legt Person B auf dem Weg zu A zurück, wenn sie um den Häuserblock herumläuft."). Sie entspricht also der Summe der Strecken d1 und d2.

$$d_{A,B} = \left[ \sum_{j=1}^{J} \left| x_{A_j} - x_{B_j} \right|^1 \right]^{\frac{1}{1}} = |2-(-2)| + |1-(-2)| = 7$$

Im Gegensatz dazu gibt **die euklidische Distanz** (r = c = 2) den direkten Abstand zwischen den Objekten an, d. h. die sog. Luftlinie. Sie leitet sich aus dem Satz des Pythagoras ab. Die Hypotenuse d3 entspricht der Wurzel aus der Summe der quadrierten Katheten d1 und d2:

$$d_{A,B} = \left[ \sum_{j=1}^{J} \left| x_{A_j} - x_{B_j} \right|^2 \right]^{\frac{1}{2}} = \sqrt{|2-(-2)|^2 + |1-(-2)|^2} = \sqrt{16+9} = \sqrt{25} = 5$$

Bei der **quadrierten euklidischen Distanz** (r = 2, c = 1) wird die Luftlinie zusätzlich quadriert bzw. es entfällt die Wurzel der obigen Formel. Die Distanz ist also keine Strecke, sondern eine Fläche ($d3^2$):

$$d_{A,B} = \left[ \sum_{j=1}^{J} \left| x_{A_j} - x_{B_j} \right|^2 \right]^{\frac{1}{1}} = |2-(-2)|^2 + |1-(-2)|^2 = 16 + 9 = 25$$

Weisen die Merkmalsvariablen ein unterschiedliches Skalenniveau auf, bieten sich drei alternative Verfahrensweisen an (Bortz/Schuster 2010, S. 458):

- Zunächst führt man **getrennte Clusteranalysen** für die Variablen mit gleichem Skalenniveau durch. Erst danach werden die Ergebnisse zusammengefasst. Allerdings fehlt es an einer allgemein anerkannten Methode, um die Clusterlösungen zu aggregieren.
- Merkmale mit hohem Skalenniveau werden auf ein niedrigeres Niveau transformiert (z. B. Dichotomisierung). Dies bezeichnen Steinhausen/Langer (1977, S. 63) als **Niveau-Regression**.
- Außerdem lassen sich zunächst die Distanzen getrennt für die Variablen **verschiedener Skalenniveaus** berechnen (je eine Distanz für nominale, ordinale, metrische Daten). Danach dient der an der Anzahl der Variablen gewichtete Mittelwert der Einzeldistanzen als Abstand zwischen den Objekten.

Marta Formula möchte metrische Daten und die Minkowski-Metriken verwenden, da dies der häufigste Anwendungsfall in der Praxis ist. In unserem Beispiel ergeben die drei Minkowski-Metriken die Distanzmatrizen in Tab. 41. Allen drei Verfahren zufolge unterscheidet sich Person 48 stark von Person 4. Am weitesten liegen sie gemäß der quadrierten euklidischen Distanz auseinander ($d_{4;48}$ = 17,81). Die Ausgangsdatenmatrix (vgl. Tab. 40) zeigt einen markanten Unterschied zwischen den beiden Fällen in der Dimension „Markenbewusstsein" ($\Delta$ = 3,34). Diesen gewichtet die euklidische Distanz überdurchschnittlich. Laut City Block-Methode sind sich die Objekte zwar ebenfalls am wenigsten ähnlich ($d_{4;48}$ = 7,13), allerdings fällt die Distanz nicht deutlich höher aus als bspw. zwischen Objekt 4 und 37 ($d_{4;37}$ = 6,22). Nicht nur die Werte unterscheiden sich, sondern auch die Relationen der Objekte zueinander. Während sich Person 57 laut City Block-Metrik in nahezu gleichem Ausmaß von Proband 4 und 48 unterscheidet, ähnelt ihr gemäß der euklidischen Distanz Person 4 stärker als Person 48.

| **(1) City Block-Metrik (r = 1, c = 1)** | | | | | |
|---|---|---|---|---|---|
| | Person 4 | Person 28 | Person 37 | Person 48 | Person 57 |
| Person 4 | – | 4,39 | 6,22 | 7,13 | 4,14 |
| Person 28 | | – | 4,35 | 4,02 | 3,20 |
| Person 37 | | | – | 4,19 | 3,41 |
| Person 48 | | | | – | 4,12 |
| Person 57 | | | | | – |

| (2) Euklidische Distanz (r = 2, c = 2) | | | | | |
|---|---|---|---|---|---|
| | Person 4 | Person 28 | Person 37 | Person 48 | Person 57 |
| Person 4 | – | 2,48 | 3,19 | 4,22 | 2,49 |
| Person 28 | | – | 2,74 | 2,49 | 1,84 |
| Person 37 | | | – | 2,41 | 2,06 |
| Person 48 | | | | – | 3,14 |
| Person 57 | | | | | – |
| **(3) Quadrierte euklidische Distanz (r = 2, c = 1)** | | | | | |
| | Person 4 | Person 28 | Person 37 | Person 48 | Person 57 |
| Person 4 | – | 6,17 | 10,15 | 17,81 | 6,22 |
| Person 28 | | – | 7,52 | 6,22 | 3,37 |
| Person 37 | | | – | 5,80 | 4,26 |
| Person 48 | | | | – | 9,84 |
| Person 57 | | | | | – |

**Tab. 41:** Ergebnisse der verschiedenen Minkowski-Metriken am Beispiel

Je nachdem, welches Distanzmaß zugrunde gelegt wird, führt die Clusteranalyse unter Umständen zu unterschiedlichen Ergebnissen. Die **Wahl der Metrik** beeinflusst also die Clusterstruktur. Mit steigendem r der Minkowski-Metrik werden viele kleine Unterschiede unwichtiger (Bacher et al. 2010, S. 220). Die quadrierte euklidische Distanz (r = 2) gewichtet bspw. große Abweichungen über- und kleine unterproportional. Die City Block-Metrik (r = 1) behandelt hingegen viele geringe Distanzen genauso wie eine große ($8*(1)^1 = 1*(8)^1$). Dieser Effekt wird umso stärker, je kleiner c ist. Die quadrierte euklidische Distanz gewichtet demzufolge große Abstände stärker als die einfache euklidische Distanz und beide wiederum stärker als die City Block-Metrik.

Im Gegensatz zu anderen Proximitätsmaßen lassen sich solche auf Basis der Minkowski-Metrik verhältnismäßig leicht interpretieren. Allerdings hängen sie stark von dem zugrundeliegenden Skalenniveau und der Maßeinheit ab. Würde man bspw. das monatliche Nettoeinkommen einmal in Euro und ein anderes Mal in Cent angeben, würden sich unterschiedliche Distanzen ergeben. Dieses Problem lässt sich vermeiden, indem man die Daten vorab standardisiert (vgl. Kap. 1.5.2). Zudem stehen auch Distanzmaße zur Verfügung, die nicht von der Skala abhängig sind, z. B. die Mahalanobis-Distanz (Hair et al. 2014, S. 432; Jain et al. 1999, S. 271).

### 5.3.3 Fusionierungsalgorithmus: Zusammenfassen der Objekte zu Gruppen

*Einordnung*

Um Objekte auf Basis der Distanzmaße zu Clustern zusammenfassen zu können, gilt es, einen geeigneten Fusionsalgorithmus zu wählen, d. h. das Verfahren, welches die Objekte gruppiert. Diese Algorithmen lassen sich stark vereinfacht in partitionierende und hierarchische Verfahren unterteilen (Jain et al. 1999, S. 275).

**Partitionierende** bzw. nicht-hierarchische Verfahren gehen von einer vorher feststehenden Startgruppierung aus. In den darauffolgenden Schritten werden die Objekte zwischen den Clustern so verschoben, dass sich in den Gruppen letztlich nur noch sehr ähnliche Objekte befinden. Im Laufe der Analyse wird ein Objekt somit nur vorläufig einem Cluster zugeordnet. Dieses Verfahren ist für kleinere Datensätze durchaus geeignet, bei großen Stichproben erhöht sich die Rechenzeit immens. Deshalb sollte die Startgruppierung auf Plausibilitätsüberlegungen basieren (Bortz/Schuster 2010, S. 461).

Im Gegensatz zu partitionierenden Verfahren bedarf es bei den **hierarchischen Algorithmen** keiner Startgruppierung. Außerdem verbleiben die Objekte im Laufe der Analyse in dem einmal zugewiesenen Cluster, was allerdings zu suboptimalen Lösungen führen kann. Im Folgenden soll der Schwerpunkt auf den hierarchischen Verfahren liegen, da diese in Forschung und Praxis weit verbreitet sind.

Hierarchische Ansätze lassen sich weiter in **divisive** und **agglomerative** Verfahren unterteilen. Bei ersteren befinden sich zunächst alle Objekte in einem Cluster, welches dann nach und nach geteilt wird. Bei agglomerativen Verfahren hingegen bildet anfänglich jedes der n Objekte (z. B. jeder Proband) ein eigenes „Cluster". Die „Cluster" werden schrittweise miteinander fusioniert. Bei jedem Schritt werden zwei Objekte und/oder Cluster verbunden. Nach n-1 Schritten wären damit alle Objekte zu einem einzigen großen Cluster vereint.

*Agglomerative hierarchische Verfahren*

Die agglomerativen hierarchischen Verfahren gelten in der Marketing-Forschung als Standard. Prinzipiell fassen sie pro Analyseschritt diejenigen Objekte zusammen, welche die geringste Distanz zueinander aufweisen. Die Distanz lässt sich dabei auf verschiedene Weisen berechnen.

Gängige agglomerative hierarchische Verfahren, die bspw. auch bei SPSS implementiert sind, sind die Single Linkage-Methode, die Complete Linkage-Methode, die Average Linkage-Methode, die Centroid-Methode und das Ward-Verfahren (Hair et al. 2014, S. 440 ff.).

*Single Linkage-Methode*

Beim Single Linkage-Verfahren (auch nearest neighbour) werden zunächst die Einzeldistanzen von allen möglichen Objektpaaren zweier Cluster bestimmt. Der **geringste Abstand** aller Paare (single link) gilt als die Distanz zwischen den beiden Clustern. Im Beispiel in Abb. 35 (links, oben) wäre die kürzeste Verbindung zwischen Cluster 1 und Cluster 2 die Distanz zwischen den Objekten B und D. Die Distanz zwischen Cluster 1 und 2 wird damit als genauso lang angenommen wie die Distanz zwischen Objekt B und D. Bestimmt man auf dieselbe Art die minimalen Distanzen paarweise zwischen allen Clustern, so sind im Beispiel (links, Mitte) die Distanzen zwischen den drei Clustern bei Cluster 2 und 3 am kürzesten. Somit fällt die Fusionsentscheidung auf die Cluster 2 und 3, die nun verschmolzen werden (links, unten). Nach der Verschmelzung werden die Distanzen neu berechnet und alle Schritte von neuem durchlaufen.

Nachteilig an diesem Verfahren ist, dass alle Distanzen zwischen den restlichen Objekten innerhalb der zu fusionierenden Cluster beliebig groß ausfallen können (Klemm 1995, S. 18 ff.). Immer mehr Cluster fusionieren auf diese Weise auf Basis einer einzigen kurzen Verbindung, obwohl einige ihrer Objekte (z. B. C und F) unter Umständen weiter voneinander entfernt liegen (Ketchen/Shook 1996). Der Effekt wird auch als **Kettenbildung** (chaining effect) oder Kontraktionseffekt bezeichnet. Diese Schwäche lässt sich allerdings nutzen, um **Ausreißer zu identifizieren**. Diese Objekte, die große Einzeldistanz zu den anderen Objekten aufweisen, werden erst in den letzten Schritten des Single Linkage-Verfahrens mit anderen Gruppen fusioniert. Wenn die Distanz zwischen den zu verbindenden Objekten bzw. Clustern bei den letzten Fusionierungsschritten sprunghaft ansteigt, lässt das vermuten, dass die verbleibenden Einzelobjekte Ausreißer darstellen. Solche Objekte sollte man aus weiteren Analysen ausschließen, da sie ungewöhnliche Merkmalsausprägungen aufweisen und daher das Ergebnis verzerren würden.

*Complete Linkage-Methode*

Im Gegensatz zum Single Linkage-Verfahren gilt bei der Complete Linkage-Methode (auch furthest neighbour) der **größte Abstand** (complete link) zwischen allen möglichen Objektpaaren als neue Distanz. Der sog. Distanzraum wird dadurch nicht gestaucht („kontrahiert"), sondern gestreckt („dilatiert"; Klemm 1995, S. 20). Das Complete Linkage-Verfahren ergibt im Gegensatz zum Single Linkage-Verfahren daher tendenziell kleine und homogene Gruppen.

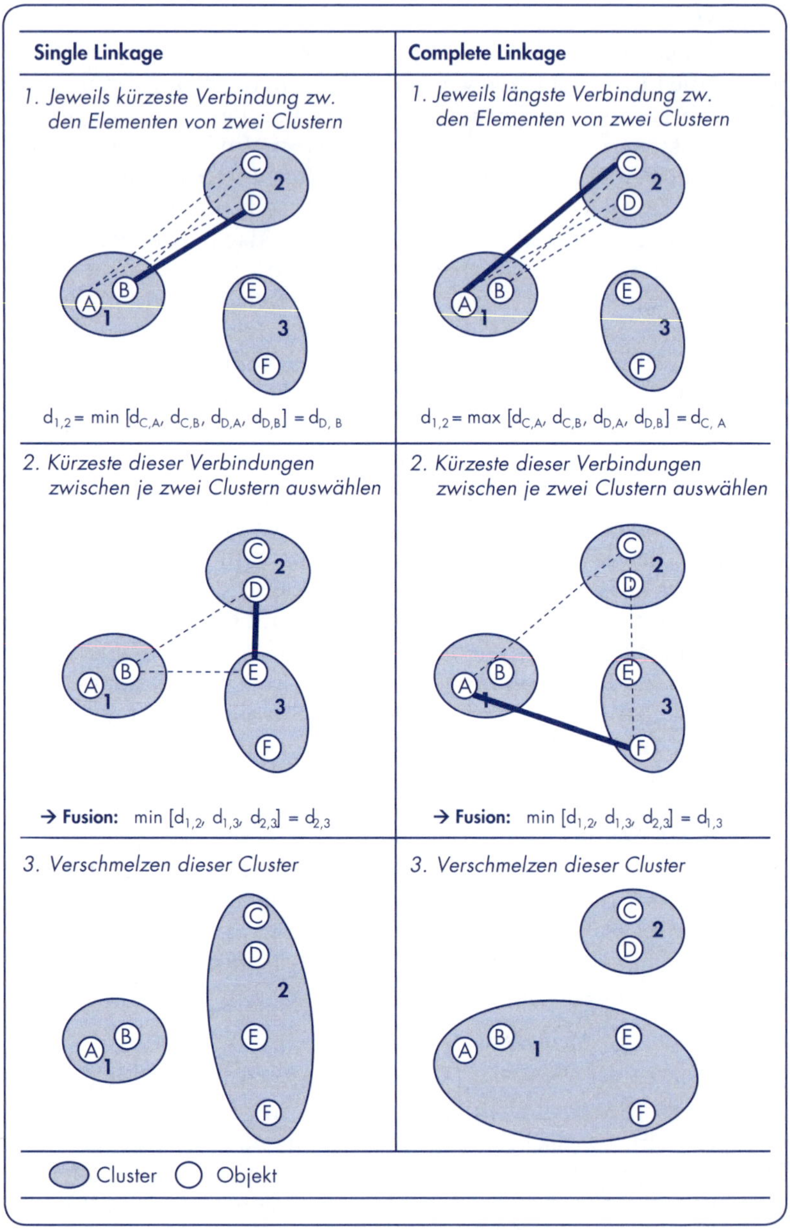


**Abb. 35:** Vergleich von Single und Complete Linkage

*Average Linkage-Methode*

Dieser Algorithmus stellt einen Kompromiss der beiden vorhergehenden Verfahren dar. Nun dienen die Mittelwerte aller Einzeldistanzen als neuer Abstand.

*Centroid-Methode*

Bei der Centroid-Methode entspricht die neue Distanz zwischen zwei Clustern dem **Abstand der Clusterzentren** (centroid), d. h. dem Mittelwert der Merkmalsausprägungen aller Objekte eines Clusters. Es wird also ein (möglicherweise fiktives) Objekt berechnet, das dann als Repräsentant der Gruppe dient (Bacher et al. 2010, S. 150). Es fusionieren diejenigen Cluster, deren Centroiden am nächsten liegen. Allerdings eignet sich das Centroid-Verfahren nur für quadrierte euklidische Distanzen, da dieser Methode (durch Quadrieren) ein streng räumliches Prinzip zugrunde liegt (Klemm 1995, S. 22).

*Ward-Verfahren*

Die am häufigsten genutzte Methode ist das Ward-Verfahren. Als Grundlage dienen nicht die Einzeldistanzen, sondern das **Ausmaß an Heterogenität** im neuen Cluster. Das Zielkriterium misst also, wie viel Information verloren geht, wenn zwei Cluster fusionieren (Ward 1963, S. 237). Dies lässt sich anhand der Fehlerquadratsumme, d. h. der Streuung innerhalb eines Clusters, erkennen. Da ein Cluster möglichst homogene Elemente zusammenfassen soll, gilt es, die Fehlerquadratsumme zu minimieren. Diese Zielfunktion wird auch als Varianzkriterium bezeichnet (vgl. Bsp. 14). Demzufolge wird dasjenige Objekt bzw. Cluster mit einem anderen fusioniert, welches die Fehlerquadratsumme am wenigsten erhöht.

**Beispiel 14: Varianzkriterium**

Die Fehlerquadratsumme oder auch Streuung innerhalb eines Clusters wird analog zu der Streuung innerhalb der Gruppen einer Varianzanalyse ($QS_{within}$) bestimmt (Backhaus et al. 2015, S. 485 ff.):

$$V_g = \sum_{k=1}^{K_g} \sum_{j=1}^{J} (x_{jkg} - \bar{x}_{jg})^2$$

| | |
|---|---|
| g | Cluster |
| k | Objekt |
| j | Variable |
| $x_{jkg}$ | Variable j bei Objekt k in Cluster g |
| $\bar{x}_{jg}$ | Mittelwert von Variable j in Cluster g |

*Auswahl des Verfahrens*

Um für eine Fragestellung einen geeigneten Algorithmus auswählen zu können, müssen die Vor- und Nachteile der Methoden bekannt sein. Insgesamt betrachtet schneidet das **Ward-Verfahren** in den meisten Studien am besten ab, d. h. es kann die wahre Clusterstruktur am besten rekonstruieren (Breckenridge 2000, S. 281; Milligan 1981, S. 385 ff.). Das Ward-Verfahren ist auch deshalb zumeist überlegen, da es gleich große, homogene Gruppen bildet. Das **Single Linkage-Verfahren** führte in den Studien generell zu signifikant schlechteren Ergebnissen als alle anderen untersuchten Methoden (Milligan 1981, S. 389). Der Grund hierfür liegt in der bereits erwähnten Tendenz zur Kettenbildung (Breckenridge 2000, S. 282). Allerdings eignet sich das Single Linkage-Verfahren durch diese Eigenschaft gut dazu, Ausreißer zu identifizieren. Es ist empfehlenswert, vor einer Clusteranalyse mit einem anderen Fusionsalgorithmus (z. B. Ward) zunächst ein Single Linkage-Verfahren durchzuführen, mit dessen Hilfe man Ausreißer ausschließt.

Aufgrund seiner guten Eignung wendet Marta Formula das Ward-Verfahren an. Zunächst werden jedoch alle 471 Fälle mit Hilfe des Single Linkage-Fusionierungsalgorithmus gruppiert. Es ergeben sich keine nennenswerten Ausreißer. Die Befunde der eigentlichen Clusteranalyse lassen sich mit einem **Dendrogramm** gut visualisieren (vgl. Abb. 36). Die vertikale Achse bildet die einzelnen Fälle bzw. Objekte ab, die horizontale Achse die Distanz bzw. im Fall des Ward-Verfahrens die Fehlerquadratsumme. Dabei handelt es sich um normierte Werte, die bei dem hier verwendeten SPSS-Output auf einer Skala von 0 bis 25 dargestellt werden (Bühl 2016, S. 645). Die Linien innerhalb des Dendrogramms deuten an, welche Objekte miteinander verbunden werden. Da die vollständige Grafik mit 471 Probanden für eine Visualisierung zu umfangreich wäre, liegt Abb. 36 eine Zufallsauswahl von 50 Fällen zugrunde.

Betrachtet man zunächst das Ergebnis der Single Linkage-Methode, lässt sich von links nach rechts ablesen, in welcher Reihenfolge die Objekte verbunden werden. Die Fälle 11 und 46 fusionieren zunächst zu einem Cluster. Auch die Objekte 19 und 38 werden in der ersten Ebene zusammengefasst. Schließlich befinden sich alle Objekte in einer Gruppe. Der kettenbildende Effekt des Single Linkage-Verfahrens ist eindeutig zu erkennen. Die zuletzt aufgenommenen Objekte (48, 23 und 21) weisen die größte Distanz zu den vorhergehenden Clustern auf (= horizontale Achse). Es handelt sich offenbar um Ausreißer mit extrem abweichenden Werten. Im vollständigen Datensatz bestätigt sich dieser Befund nicht. Es ist daher nicht erforderlich, Fälle aus der Analyse auszuschließen. Das Ward-Verfahren hingegen ergibt eine völlig andere Struktur. Es verfolgt das Ziel, die

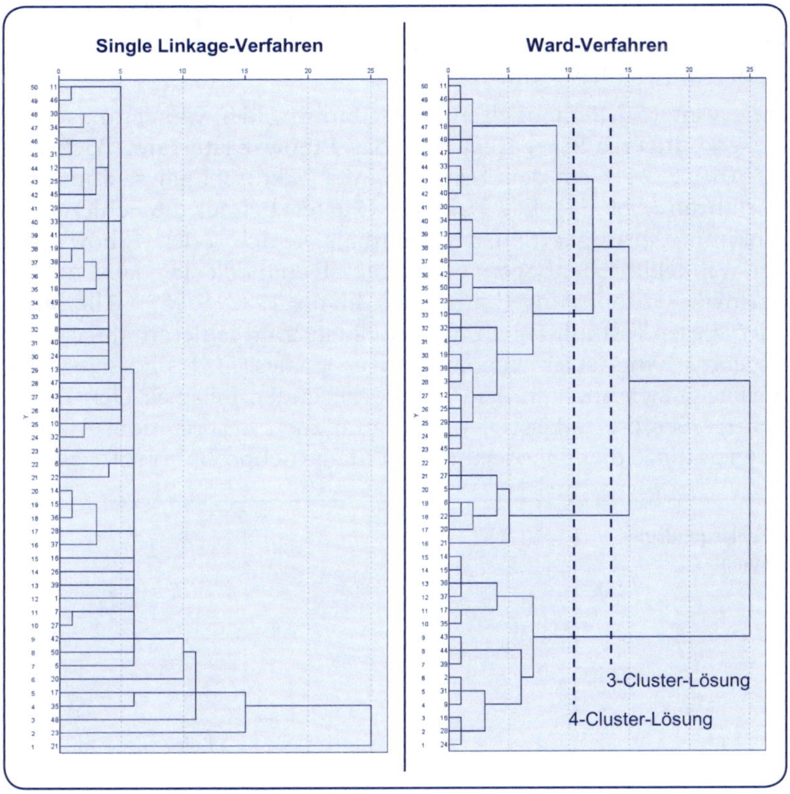


**Abb. 36:** Dendrogramm

Heterogenität möglichst gering zu halten und neigt dazu, gleichgroße Gruppen zu bilden.

## 5.3.4 Bestimmen der Clusteranzahl

Die optimale Anzahl der Cluster lässt sich durch verschiedene Verfahren bestimmen. Das **Dendrogramm** ist eines der wichtigsten Hilfsmittel, weil sich an der horizontalen Achse die Distanz zwischen den einzelnen Clustern ablesen lässt. Der Forscher wählt bei der Ward-Methode die Anzahl der Cluster, bei der die Fehlerquadratsumme gering ausfällt (d. h. möglichst weit links im Dendrogramm) und sich dennoch eine hinreichend übersichtliche Struktur ergibt (d. h. möglichst weit rechts). Letztlich handelt es sich also um einen Kompromiss, der beiden Zielkriterien weitgehend gerecht wird (Homogenität und Informationsreduktion). Wir haben die Analyse zur besseren Darstellung erneut mit einer reduzierten Stichprobe (n = 50) und dem vollständigen Datensatz (n = 471) durchgeführt. In der reduzierten Stichprobe würde es sich nach diesem Kriterium empfehlen, drei oder vier Cluster zu extrahieren (vgl. Abb. 36). Das hier nicht abgebildete Dendrogramm des gesamten Datensatzes weist jedoch auf vier bzw. fünf Cluster hin.

Eine weitere Möglichkeit zur Bestimmung der Clusteranzahl ist der sog. **inverse Scree-Test** bzw. das **Elbow-Kriterium** (Bacher et al. 2010, S. 241), ein dem Scree-Test der Faktorenanalyse ähnliches Verfahren (Abb. 37). Die Zahl der Cluster, bei der die Fehlerquadratsumme sprunghaft ansteigt, wird als „Knick“ oder „Elbow“ (wie der Winkel im Ellenbogen) bezeichnet. Es handelt sich dabei um die optimale Gruppierung (Lathrop/Williams 1987, S. 959). Allerdings wird dieser Test mit zunehmender Clusterzahl fehleranfälliger. Das Ergebnis hängt stark vom subjektiven Ermessen des Forschers ab. Das zeigt sich auch an dem hier vorliegenden Beispiel: Der uneindeutige Scree-Plot lässt viel Spielraum zur Interpretation. Als Datengrundlage dient wiederum die Zufallsstichprobe von 50 Fällen.

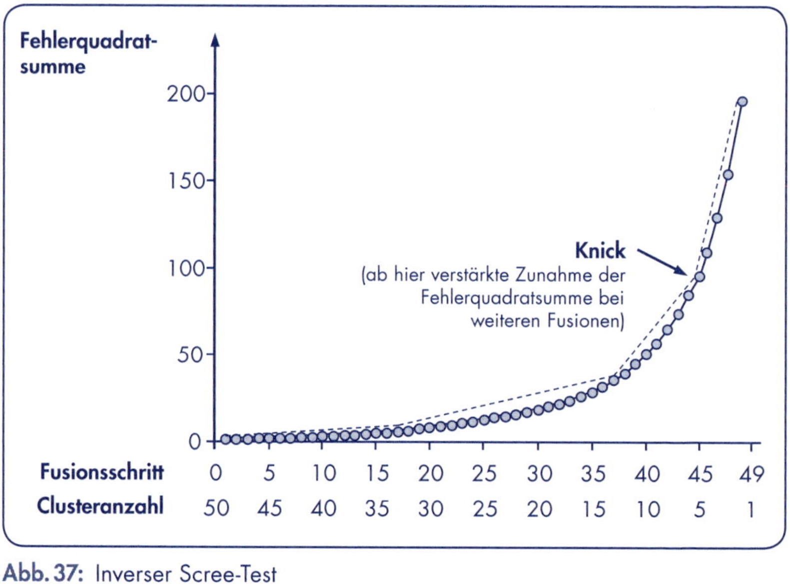


**Abb. 37:** Inverser Scree-Test

Bei Analysen mit hohen Fallzahlen ist eine grafische Darstellung in Form des Scree-Tests nicht mehr sinnvoll, da sich die Abszisse mit zunehmender Stichprobengröße verlängert und sich der Knick nicht mehr präzise ablesen lässt. Dann empfiehlt es sich, die absoluten Differenzen des Varianzkriteriums zu betrachten (vgl. Abb. 38). Im hier dargestellten Beispiel steigt die Fehlerquadratsumme sprunghaft beim Übergang von fünf auf vier Cluster (um 14,59). Bei vorangegangenen Fusionierungsschritten erhöht sie sich hingegen stetig und moderat. Der Knick liegt also bei „5“. Die Lösung mit fünf

| Reduzierte Stichprobe: 50 Fälle | | | Vollständige Stichprobe: 471 Fälle | | |
|---|---|---|---|---|---|
| **Fusionierung** | **FQS** | **△ FQS** | **Fusionierung** | **FQS** | **△ FQS** |
| 2 → 1 Cluster | 195,84 | 42,31 | 2 → 1 Cluster | 1.880,00 | 278,48 |
| 3 → 2 Cluster | 153,53 | 25,06 | 3 → 2 Cluster | 1.601,52 | 169,63 |
| 4 → 3 Cluster | 128,48 | 19,48 | 4 → 3 Cluster | 1.431,88 | 161,32 |
| 5 → 4 Cluster | **109,01** | **14,59** | 5 → 4 Cluster | **1.270,56** | **139,26** |
| 6 → 5 Cluster | 94,42 | 10,79 | 6 → 5 Cluster | 1.131,30 | 85,31 |
| 7 → 6 Cluster | 83,63 | 10,78 | 7 → 6 Cluster | 1.046,00 | 80,90 |

Anmerkung: FQS = Fehlerquadratsumme;
△ FQS = Veränderung der Fehlerquadratsumme

**Abb. 38:** Veränderung der Fehlerquadratsumme

Clustern scheint demzufolge geeigneter zu sein, als diejenige mit vier Gruppen. Der inverse Scree-Test mit 471 Fällen führt zum gleichen Ergebnis. Die Fehlerquadratsumme steigt beim Übergang von fünf auf vier Cluster das erste Mal besonders deutlich ($\Delta = 139{,}26$).

Auf Basis des Datensatzes und der ausgewählten Variablen lassen sich also fünf Cluster extrahieren, die sich gut voneinander unterscheiden und gleichzeitig in sich möglichst homogen sind. Ähnlich wie die Faktorenanalyse erfüllt die Clusteranalyse damit das Ziel, die Komplexität zu reduzieren, ohne wesentliche Information zu verlieren, aber Redundanz zu beseitigen.

Da die bislang beschriebene Bestimmung der Clusterzahl einer gewissen subjektiven Interpretation unterliegt, wurden sog. **Stopping-Rules** vorgeschlagen (Milligan/Cooper 1985). Dazu zählen bspw. das Cubic-Clustering-Criterion (CCC) und die Pseudo-F-Statistik. Letztere basiert auf dem Verhältnis der Varianz zwischen den Clustern und der Varianz innerhalb der Cluster. Allerdings ist keine der Stopping-Rules perfekt, weshalb häufig empfohlen wird, verschiedene Kriterien parallel heranzuziehen (Hair et al. 2014, S. 448; Ketchen/Shook 1996, S. 447).

## 5.4 Güteprüfung

Das Ergebnis der Clusteranalyse ist von den Konfigurationen abhängig, die der Forscher vornimmt. Im Gegensatz zu den anderen hier besprochenen Methoden ist die Clusteranalyse kein inferenzstatistisches Verfahren und es existiert keine Teststatistik, anhand derer sich der Befund bewerten lässt (Ketchen/Shook 1996). Einfluss auf das Ergebnis haben die Art und Anzahl der Variablen, die in die

Analyse einfließen und auch, ob der Forscher diese standardisiert. Ferner beeinflussen die gewählten Distanzmaße ebenso das Ergebnis wie der Fusionsalgorithmus und das Entscheidungskriterium zur Bestimmung der Anzahl der Cluster.

Eine Möglichkeit zur Güteprüfung besteht in der **Kreuzvalidierung**. Hierbei wird geprüft, inwieweit sich die Gruppierung in weiteren Stichproben replizieren lässt (Breckenridge 2000, S. 261). Die Güte ließe sich dann anhand der folgenden Kriterien bestimmen: Optimale Clusterzahl (Ergibt sich die gleiche Anzahl von Clustern?), Größe der Cluster (Ähneln sich die Anteile der Cluster in den Stichproben?) und Interpretation (Lassen sich die Cluster ähnlich interpretieren?). Dieses Verfahren wird allerdings in der Praxis wegen hoher Kosten und Zeitrestriktionen selten angewendet. Eine andere Möglichkeit besteht darin, die Stichprobe zu splitten und die Berechnung mit einer Hälfte durchzuführen, während die zweite Hälfte für die Kreuzvalidierung genutzt wird (Saunders 1994, S. 23). Auch mithilfe der **Diskriminanzanalyse** kann die Güte der Clusteranalyse geprüft werden (Bortz/Schuster 2010, S. 469).

## 5.5 Interpretation

Die Clusteranalyse gehört zu den explorativen Verfahren. Verschiedene Konfigurationen (Wahl des Proximitätsmaßes, Fusionsalgorithmus, Standardisierung der Variablen etc.) führen zu unterschiedlichen Lösungen und es ist die Aufgabe des Forschers, hier die optimale Variante zu finden (Milligan/Cooper 1987, S. 330). Marta Formula sollte daher versuchen, die Cluster theoretisch fundiert und anhand der für die Clusterung genutzten Merkmale zu interpretieren. Dazu betrachtet sie zunächst die **Clusterzentren** (Mittelwerte) der Variablen. Wenn die eigentliche Clusteranalyse auf Faktoren beruht, sollte man die ursprünglichen Items betrachten. In dem beschriebenen Beispiel handelt es sich um zwölf Items, die zu vier Faktoren verdichtet wurden.

Tab. 42 zeigt die Mittelwerte der einzelnen Variablen pro Cluster. Extreme Ausprägungen sind hervorgehoben. Indem Marta Formula nun die Eigenschaften der Cluster vergleicht, lassen sich die Gruppen interpretieren und bezeichnen. Enthält ein Cluster einen großen Teil der Gesamtstichprobe (hier v. a. Cluster 3), dann können sich dessen Mittelwerte weniger stark vom Gesamtdurchschnitt unterscheiden als die eines kleineren Clusters. Liegt die Standardabweichung recht hoch, d. h. variieren die Werte innerhalb des Clusters stark, dann ist der Mittelwert mit Vorsicht zu interpretieren. Eine Varianzanalyse (vgl. Kap. 2) kann herangezogen werden, um zu prüfen, welche Cluster sich voneinander unterscheiden.

| Faktor | Item | Gesamt (n = 471) | Cluster 1 (n = 85) | 2 (n = 104) | 3 (n = 156) | 4 (n = 86) | 5 (n = 40) |
|---|---|---|---|---|---|---|---|
| Qualitäts-bewusst-sein | Für besondere Qualität gebe ich gern etwas mehr aus. | 1,43 | **1,93** | **,37** | 1,83 | 1,80 | ,73 |
| | Manchmal leiste ich mir ganz bewusst die beste Qualität. | 1,18 | **1,92** | **-,25** | 1,65 | 1,81 | ,13 |
| Preis-bewusst-sein | Ob ich etwas kaufe oder nicht, entscheide ich in erster Linie nach dem Preis. | ,62 | -,27 | 1,50 | **-,36** | **1,74** | 1,68 |
| | Ich bin immer auf der Suche nach Billigangeboten. | ;15 | **-1,15** | ,60 | -1,04 | **1,06** | ,95 |
| | Ich achte darauf, das beste Preis/Leistungs-Verhältnis zu bekommen. | 1,99 | 2,04 | 1,72 | **1,67** | **2,66** | 2,40 |
| Marken-bewusst-sein | Markenprodukte sind qualitativ besser als markenlose Ware. | ;00 | **-1,09** | -,21 | **,69** | -,16 | ,48 |
| | Markenprodukte sind zwar teurer als andere Produkte, dafür aber auch besser. | ,05 | **-1,12** | -,13 | **,79** | -,02 | ,25 |
| | Ich wähle meistens die teureren Marken aus. | ;94 | -1,17 | -1,30 | **-,10** | -1,43 | **-1,80** |
| | Die bekannten Markenprodukte sind die besten. | ;94 | **-1,94** | -,70 | **-,39** | -1,21 | -1,00 |
| | Je höher der Preis eines Produktes, desto besser ist die Qualität. | -1,31 | **-2,08** | -1,29 | **-,71** | -1,73 | -1,18 |
| Marken-treue | Bei vielen Produkten kaufe ich immer nur eine bestimmte Marke. | ,54 | ,80 | ,53 | ,56 | **1,04** | **-1,15** |
| | Wenn ich mit einer Marke zufrieden bin, bleibe ich auch dabei. | 1,47 | 1,74 | 1,67 | 1,47 | **1,91** | **-,65** |

Anmerkung: Die Maxima und Minima sind fett hervorgehoben.

**Tab. 42:** Mittelwerte der 5-Cluster-Lösung

Um eine möglichst **objektive Interpretation** zu gewährleisten, sollte man die Cluster von mindestens zwei verschiedenen Personen beurteilen lassen und deren Ergebnisse vergleichen. Marta Formula und eine von ihr hinzugezogene Kollegin beschreiben und benennen die Cluster, indem sie sich pro Variable den kleinsten bzw. größten Mittelwert anschauen. Folgende Bezeichnungen lassen sich so ableiten:

- Cluster 1 = **„Qualitätsbewusste“**: Diesen Konsumenten ist der Preis offenbar weniger wichtig. Dafür legen sie mehr Wert auf die Qualität der Produkte.
- Cluster 2 = **„Schnäppchen-Jäger“**: Solche Konsumenten entscheiden v. a. nach dem Preis, was sie kaufen. Die Kriterien „Marke“ und „Qualität“ spielen untergeordnete Rollen.
- Cluster 3 = **„Markenbewusste“**: Obwohl das Markenbewusstsein in der gesamten Stichprobe recht niedrig ausgeprägt ist (Werte zwischen 0 und -1), haben Marken für Vertreter dieses Clusters einen vergleichsweise hohen Stellenwert.
- Cluster 4 = **„Qualitätsbewusste Käufer von Handelsmarken“**: Sie wollen hochwertige, aber dennoch günstige Produkte und bleiben diesen auch treu. Nur das Markenbewusstsein ist unterdurchschnittlich. Daher handelt es sich vermutlich um Käufer von Handelsmarken.
- Cluster 5 = **„Smart Shopper“**: Sie versuchen, Marken zu günstigen Preisen zu bekommen. Markentreue spielt bei ihnen eine untergeordnete Rolle. Sie kaufen also hochwertige Markenartikel nur im Sonderangebot und fühlen sich weder an Marke noch an Einkaufsstätte gebunden.

## 5.6 Dokumentation für Praktiker

Grundsätzlich ist zu beachten, dass Clusterlösungen nie isoliert betrachtet werden dürfen. Vielmehr sollte man immer den verwendeten Algorithmus sowie das Distanzmaß angeben. Basis der folgenden Darstellungen bilden das Ward-Verfahren sowie die quadrierte euklidische Distanz. Dies sollte jeder Abbildung zu entnehmen sein.

Grafische Darstellungen der Ergebnisse einer Clusteranalyse müssen weiterhin erkennen lassen, welche Eigenschaften die Gruppen aufweisen. Wie auch in dem hier untersuchten Beispiel handelt es sich dabei zumeist um eine Vielzahl von Variablen oder in diesem Fall um mehrere Faktoren. Abb. 39 gibt die Mittelwerte der Cluster je Merkmal in Form eines **Linienzugs** wieder. Zwar lassen sich die Ergebnisse auf diese Weise detailgetreu visualisieren, insb. bei vielen Variablen wird das Schaubild jedoch schnell unübersichtlich. Auch in diesem Beispiel liegen die Linienzüge sehr nah beieinander. Man erkennt, dass Smart Shopper und Schnäppchen-Jäger etwas weniger Wert auf Qualität legen. Qualitäts- und Markenbewusste vernachlässigen hingegen den Preis als Kaufkriterium weitgehend, obwohl auch sie das Preis-Leistungs-Verhältnis beachten. Im Unterschied zu den markenbewussten Konsumenten spielt die Marke bei den Qualitätsbewussten eine untergeordnete Rolle. Smart Shopper sind dagegen von der Qualität eines Markenproduktes überzeugt. Sie bleiben einem Hersteller jedoch selten treu – selbst wenn dieser sie zufriedenstellt. Käufer von Handelsmarken haben abgesehen vom Markenbewusstsein alle Eigenschaften inne: Sie sind qualitäts- und preisbewusst und verhalten sich loyal.

| Faktor | Item |
|---|---|
| Qualitätsbewusstsein | Für besondere Qualität gebe ich gern etwas mehr aus. |
| | Manchmal leiste ich mir ganz bewusst die beste Qualität. |
| Preisbewusstsein | Ob ich etwas kaufe oder nicht, entscheide ich in erster Linie nach dem Preis. |
| | Ich bin immer auf der Suche nach Billigangeboten. |
| | Ich achte darauf, das beste Preis/Leistungs-Verhältnis zu bekommen. |
| Markenbewusstsein | Markenprodukte sind qualitativ besser als markenlose Ware. |
| | Markenprodukte sind zwar teurer als andere Produkte, dafür aber auch besser. |
| | Ich wähle meistens die teureren Marken aus. |
| | Die bekannten Markenprodukte sind die besten. |
| | Je höher der Preis eines Produktes, desto besser ist die Qualität. |
| Markentreue | Bei vielen Produkten kaufe ich immer nur eine bestimmte Marke. |
| | Wenn ich mit einer Marke zufrieden bin, bleibe ich auch dabei. |

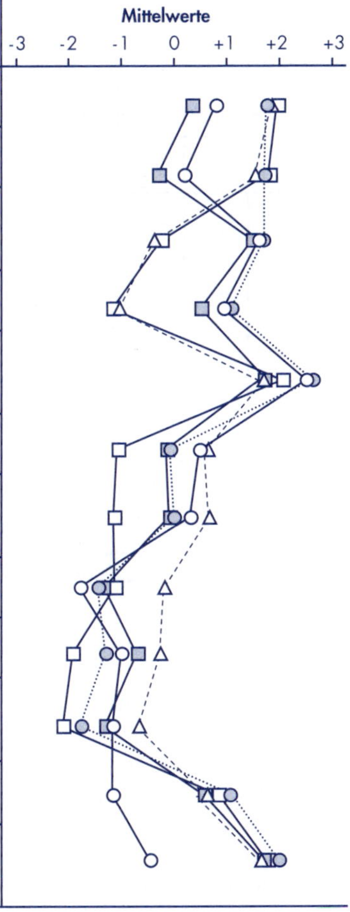


Qualitätsbewusste; Schnäppchen-Jäger; Markenbewusste; Qualitätsbewusste Käufer von Handelsmarken; Smart Shopper

Anmerkung:
Ergebnis einer Clusteranalyse auf Basis euklidischer Distanzen (Ward-Verfahren).

**Abb. 39:** Merkmale der Cluster im Detail

Übersichtlicher ist Abb. 40, in der die **Faktorwerte je Cluster im Vergleich zum Mittelwert der Gesamtstichprobe** dargestellt sind. Hier tritt die fehlende Markentreue der Smart Shopper deutlich zu

Tage. Leicht zu erkennen ist auch, dass sich Qualitätsbewusste v. a. im Qualitätsbewusstsein von Schnäppchen-Jägern unterscheiden und Markenbewusste im Gegensatz zu Handelsmarken-Käufern viel Wert auf die Marke legen.

| Cluster / Faktor | Qualitäts-bewusste | Schnäppchen-Jäger | Marken-bewusste | Qualitäts-bewusste Käufer von Handels-marken | Smart Shopper |
|---|---|---|---|---|---|
| Marken-bewusst-sein | -,969 | ,043 | ,546 | ,237 | ,328 |
| Qualitäts-bewusst-sein | ,603 | -1,164 | ,249 | ,519 | -,345 |
| Preis-bewusst-sein | -,606 | ,328 | -,676 | 1,069 | ,772 |
| Marken-treue | ,213 | ,324 | -,109 | ,447 | -1,829 |
| Ø | -,152 | -,094 | ,002 | ,360 | -,215 |

Anmerkung: Ergebnis einer Clusteranalyse auf Basis euklidischer Distanzen (Ward-Verfahren).

Zahlenangaben = Faktorwerte; die blauen Balken verdeutlichen die Abweichung des Faktorwertes vom jeweiligen Clusterzentrum (Mittelwert aller Faktoren pro Cluster)

**Abb. 40:** Merkmale der Cluster auf Basis der Faktorwerte

Abb. 41 nutzt abschließend nur zwei der vier Faktoren, um die Cluster in einem **Portfolio** zu positionieren. Die Größe der Kreise repräsentiert die Größe der Cluster. In dieser Form lassen sich die unterschiedlichen Kombinationen der Merkmale zeigen: Smart Shopper sind gleichzeitig marken- und preisbewusst, während bei Qualitätsbewussten beide Eigenschaften unterdurchschnittlich ausgeprägt sind. Derartige Portfolios lassen sich für alle möglichen Merkmals- bzw. Faktorenpaare aufstellen.

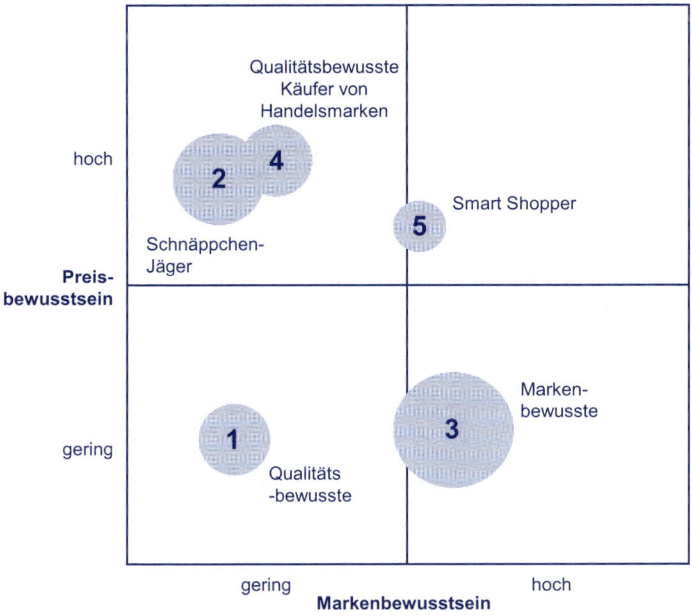


Anmerkung: Ergebnis einer Clusteranalyse auf Basis euklidischer Distanzen (Ward-Verfahren).

**Abb. 41:** Zweidimensionales Portfolio

## 5.7 Ausblick auf verwandte Verfahren

Der Begriff Clusteranalyse steht für eine ganze Gruppe von Verfahren. Wir haben in diesem Kapitel **hierarchische** Cluster-Verfahren besprochen und darauf hingewiesen, dass es auch **partitionierende** (nicht-hierarchische) Verfahren gibt. Letztere entwickeln keine baumartigen bzw. verästelten Strukturen, die sich in einem Dendrogramm darstellen lassen (Hair et al. 2014, S. 443). Stattdessen muss eine Startlösung bekannt sein und die Objekte werden gegebenenfalls schrittweise anderen Clustern zugeschrieben, um die Lösung zu optimieren. Der bekannteste Ansatz ist das **K-Means-Verfahren**. Objekte werden hierbei jeweils demjenigen Cluster zugeschrieben, zu dessen Zentrum die geringste Distanz besteht. Anschließend wird das Gruppenzentrum neu berechnet und die nächste Iteration durchgeführt. Vorteile der nicht-hierarchischen Verfahren bestehen darin, dass sie besser mit Ausreißern umgehen können und dass sie durch die Änderung der Zuordnung der Objekte ein besseres Verhältnis aus hoher Heterogenität zwischen den Clustern und geringer Heterogenität innerhalb der Cluster schaffen können (Ketchen/Shook 1996). Allerdings muss die Anzahl der Cluster in der Startlösung vorgegeben werden. Es wird deshalb oftmals empfohlen, die partitionierenden Verfahren im Anschluss an ein hierarchisches Verfahren einzusetzen (Hair et al. 2014, S. 446; Milligan 1980).

Über die Abgrenzung von hierarchischen und partitionierenden Verfahren hinaus (Jain et al. 1999, S. 275) ist in der Literatur eine Vielzahl von weiteren Systematisierungen zu finden. Steinhausen/Langer (1977) führen neben den hierarchischen und partitionierenden Verfahren auch noch **graphentheoretische** Verfahren und **Optimierungsverfahren** an. Milligan/Cooper (1987, S. 322 ff.; 1981, S. 379) haben ein ähnliches Schema entwickelt. Sie unterscheiden zwar ebenfalls nach hierarchischen und nicht-hierarchischen (partitionierenden) Methoden, ergänzen aber **klumpenbildende** bzw. überlappende Verfahren sowie Klassifizierungsverfahren. In letztere Kategorie ordnen sie u. a. die Multidimensionale Skalierung sowie die Q-Faktoranalyse (d. h. die Faktoranalyse auf Basis von Objekten/Personen) ein.

In diesem Kapitel haben wir sog. deterministische Clusteranalyseverfahren besprochen. Sie zeichnen sich dadurch aus, dass die Zuordnung eines Objektes zu einem (oder evtl. auch mehreren) Clustern **deterministisch**, d. h. mit einer Wahrscheinlichkeit von 1 erfolgt. Daneben existieren noch die fortschrittlicheren **probabilistischen Clusterverfahren**, die Zuordnungswahrscheinlichkeiten bestimmen, also angeben, mit welcher Wahrscheinlichkeit (zwischen 0 und 1) Objekte den Clustern angehören (Bacher et al. 2010). Ein typischer Ansatz ist hierbei die **Analyse latenter Klassen** (d. h. die Latent Class Analysis), für welche die Software-Applikation Latent Gold genutzt wird (Vermunt/Magidson 2002).

## 5.8 Literaturempfehlungen

Bacher, J., Pöge, A., & Wenzig, K. (2010). *Clusteranalyse: Anwendungsorientierte Einführung in Klassifikationsverfahren* (3. Aufl.). München: Oldenbourg Verlag.

Backhaus, K., Erichson, B., Plinke, W., & Weiber, R. (2015). *Multivariate Analysemethoden: Eine anwendungsorientierte Einführung* (14. Aufl.). Berlin: Springer, Kap. 8, S. 453-516.

Bortz, J., & Schuster, C. (2010). *Statistik für Human- und Sozialwissenschaftler* (7. Aufl.). Wiesbaden: Springer, Kap. 25, S. 453-470.

Hair, J. F. Jr., Black, W. C., Babin, B. J., & Anderson, R. E. (2014). *Multivariate Data Analysis* ($7^{th}$ ed.). New Jersey: Pearson, Kap. 8, S. 415-474.

# 5.9 Lernhilfen

## 5.9.1 Kontrollfragen

1. Ergänzen Sie die folgenden Lückentexte.

   Bei ............................................. Fusionierungsalgorithmen werden pro Analyseschritt diejenigen Objekte zusammengefasst, welche die geringste Distanz zueinander aufweisen. Die ........................ – Methode eignet sich besonders dazu, um Ausreißer zu identifizieren. Der Vorteil der .......................... – Methode besteht darin, dass in etwa gleich große Gruppen gebildet werden.
2. Wie kann die Proximität (Ähnlichkeit) bzw. Distanz zwischen Objekten bestimmt werden? Was versteht man unter der Minkowski-Metrik?
3. Wie bestimmt man die Anzahl der Cluster und wie können die Cluster inhaltlich interpretiert werden?
4. Welche der im Folgenden aufgeführten Aussagen sind richtig?
   - ☐ Die Clusteranalyse verfolgt das Ziel, Variablen so zu Gruppen zusammenzufassen, dass die Gruppen in sich möglichst homogen und untereinander möglichst heterogen sind.
   - ☐ Bei der Clusteranalyse handelt es sich im Gegensatz zur Faktorenanalyse um eine Interdependenzanalyse. Inferenzstatistische Verfahren können deshalb nicht zur Güteprüfung herangezogen werden.
   - ☐ Nach dem inversen Scree-Test liegt die optimale Zahl der zu bildenden Cluster da, wo in der Grafik ein Knick zu erkennen ist, d. h. die Fehlerquadratsumme fällt sprunghaft ab.
   - ☐ Die Streuung innerhalb eines Clusters wird analog zur Bestimmung der Streuung bei der Varianzanalyse ermittelt.

## 5.9.2 Vernetzungsaufgaben

Rechnen Sie nun eine Clusteranalyse, um Kundentypen zu identifizieren. Verwenden Sie die folgenden Variablen: fak1_mb: Markenbewusstsein, fak2_qb: Qualitätsbewusstsein, fak3_mt: Markentreue, fak4_pb: Preisbewusstsein.

1. Verwenden Sie als Fusionierungsalgorithmus die Ward-Methode und als Distanzmaß die quadrierte euklidische Distanz. Speichern Sie die gebildete Clusterlösung als Variable. Lassen Sie sich eine 5-Cluster-Lösung ausgeben.
2. Wie lassen sich die Cluster inhaltlich interpretieren?

**Den Datensatz für eigene Berechnungen** finden Sie auf www.vahlen.de bzw. dem QR-Code:

# Literaturverzeichnis


Aaker, D. A., Kumar, V., Leone, R. P., & Day, G. S. (2013). *Marketing Research* (11. Aufl.). Hoboken, NJ: Wiley.

Allison, P. D. (2012). *Logistic Regression Using SAS: Theory and Application* (2nd ed.). Cary, North Carolina: SAS Institute.

Anderson, J. C., & Gerbing, D. W. (1988). Structural Equation Modeling in Practice: A Review and Recommended Two-Step Approach. *Psychological Bulletin, 103*(3), 411-423.

APA (2009). *Publication Manual of the American Psychological Association* (6th ed.). Washington, DC: American Psychological Association.

Bacher, J., Pöge, A., & Wenzig, K. (2010). *Clusteranalyse: Anwendungsorientierte Einführung in Klassifikationsverfahren* (3. Aufl.). München: Oldenbourg Verlag.

Backhaus, K., Erichson, B., Plinke, W., & Weiber, R. (2015). *Multivariate Analysemethoden: Eine anwendungsorientierte Einführung* (14. Aufl.). Berlin: Springer.

Balderjahn, I. (2003). Validität: Konzept und Methoden. *WiSt – Wirtschaftswissenschaftliches Studium, 3*, 130-135.

Balderjahn, I., Buerke, A., Kirchgeorg, M., Peyer, M., Seegebarth, B., & Wiedmann, K. (2013). Consciousness for Sustainable Consumption: Scale Development and New Insights in the Economic Dimension of Consumers' Sustainability. *AMS Review, 3*(4), 181-192.

Baron, R. M., & Kenny, D. A. (1986). The Moderator-Mediator Variable Distinction in Social Psychological Research: Conceptual, Strategic, and Statistical Considerations. *Journal of Personality and Social Psychology, 51*(6), 1173-1182.

Bartlett, M. S. (1934). *The Problem in Statistics of Testing Several Variances*. Cambridge: Philosophical Society.

Bearden, W. O., & Netemeyer, R. G. (2011). *Handbook of Marketing Scales* (3rd ed.). Thousand Oaks: Sage.

Belk, R., Fischer, E., & Kozinets, R. V. (2012). *Qualitative Consumer and Marketing Research*. London: Sage.

Berekoven, L., Eckert, W., & Ellenrieder, P. (2009). *Marktforschung: Methodische Grundlagen und praktische Anwendung* (12. Aufl.). Wiesbaden: Gabler.

Bortz, J., Lienert, G. A., & Boehnke, K. (2008). *Verteilungsfreie Methoden in der Biostatistik* (3. Aufl.). Heidelberg: Springer-Verlag.

Bortz, J., & Schuster, C. (2010). *Statistik für Human- und Sozialwissenschaftler* (7. Aufl.). Wiesbaden: Springer.

Bray, J. H., & Maxwell, S. E. (1985). *Multivariate Analysis of Variance.* Beverly Hills: Sage.

Breckenridge, J. N. (2000). Validating Cluster Analysis: Consistent Replication and Symmetry. *Multivariate Behavioral Research, 35*(2), 261-285.

Bröder, A. (2011). *Versuchsplanung und experimentelles Praktikum.* Göttingen: Hogrefe.

Buber, R., & Holzmüller, H. H. (2009). *Qualitative Marktforschung. Konzepte, Methode, Analysen* (2. Aufl.). Wiesbaden: Gabler.

Bühl, A. (2016). *SPSS 23. Einführung in die moderne Datenanalyse* (15. Aufl.). München: Pearson.

Bühner, M. (2010). *Einführung in die Test- und Fragebogenkonstruktion* (3. Aufl.). München: Pearson.

Bühner, M., & Ziegler, M. (2017). *Statistik für Psychologen und Sozialwissenschaftler* (2. Aufl.). München: Pearson.

Cattell, R. B. (1966). The Scree Test for the Number of Factors. *Multivariate Behavioral Research, 1*(2), 245-276.

Chalmers, A. F. (2007). *Wege der Wissenschaft: Einführung in die Wissenschaftstheorie* (6. Aufl.). Berlin, Heidelberg: Springer.

Churchill, G. A. (1979). A Paradigm for Developing Better Measures of Marketing Constructs. *Journal of Marketing Research, 16,* 719-743.

Clark, L. A., & Watson, D. (1995). Constructing Validity: Basic Issues in Objective Scale Development. *Psychological Assessment, 7*(3), 309-319.

Cohen, J. (1988). *Statistical Power Analysis for the Behavioral Sciences* (2nd ed.). Hillsdale: Lawrence Erlbaum Association.

Cohen, J. (1992). A Power Primer. *Psychological Bulletin,* 112, 155-159.

Cohen, J., Cohen, P., West, S. G., & Aiken, L. S. (2003). *Applied Multiple Regression/Correlation Analysis for the Behavioral Sciences* (3rd ed.). Hillsdale: Lawrence Erlbaum Association.

Creswell, J. W. (2013). *Research Design: Qualitative, Quantitative, and Mixed Method Approaches* (4th ed.). Thousand Oaks: Sage.

Cronbach, L. (1951). Coefficient Alpha and the Internal Structure of Tests. *Psychometrika, 16,* 297-334.

Cureton, E. E., & D'Agostino, R. B. (1993). *Factor Analysis. An Applied Approach.* Hillsdale: Psychology Press.

DeVellis, R. F. (2016). *Scale Development: Theory and Applications, Vol. 26* (4th ed.). Thousand Oaks: Sage.

Diamantopoulos, A., Sarstedt, M., Fuchs, C., Wilczynski, P., & Kaiser, S. (2012). Guidelines for Choosing between Multi-item and Single-item Scales for Construct Measurement: A Predictive Validity Perspective. *Journal of the Academy of Marketing Science, 40*(3), 434-449.

Diamantopoulos, A., & Winklhofer, H. M. (2001). Index Construction with Formative Indicators: An Alternative to Scale Development. *Journal of Marketing Research, 38*(2), 269-277.

Döring, N., & Bortz, J. (2016). *Forschungsmethoden und Evaluation für Sozialwissenschaftler* (5. Aufl.). Berlin: Springer.

Duller, C. (2013). *Einführung in die Statistik mit Excel und SPSS.* Berlin, Heidelberg: Gabler.

Durbin, J., & Watson, G. (1951). Testing for Serial Correlation in Least Squares Regression 2. *Biometrika, 38*, 159-178.

Esch, F.-R., Herrmann, A., & Sattler, H. (2017). *Marketing. Eine managementorientierte Einführung* (5. Aufl.). München: Vahlen.

Eschweiler, M., Evanschitzky, H., & Woisetschläger, D. (2007). Ein Leitfaden zur Anwendung varianzanalytisch ausgerichteter Laborexperimente. *WiSt–Wirtschaftswissenschaftliches Studium, 12*, 547-554.

Fantapié Altobelli, C. (2017). *Marktforschung. Methoden–Anwendungen–Praxisbeispiele* (3. Aufl.). Konstanz: UVK.

Faul, F., Erdfelder, E., Lang, A.-G., & Buchner, A. (2007). G*Power 3: A Flexible Statistical Power Analysis Program for the Social, Behavioral, and Biomedical Sciences. *Behavior Research Methods, 39*, 175-191.

Field, A. (2017). *Discovering Statistics Using IBM SPSS Statistics* (5th ed.). London: Sage.

Fisseni, H. J. (2004). *Lehrbuch der psychologischen Diagnostik: mit Hinweisen zur Intervention* (3. Aufl.). Göttingen: Hogrefe Verlag.

Fornell, C., & Larcker, D. F. (1981). Evaluating Structural Equation Models with Unobservable Variables and Measurement Error. *Journal of Marketing Research, 18*(1), 39-50.

Fox, J. (2015). *Applied Regression Analysis and Generalized Linear Models* (3rd ed.). Thousand Oaks: Sage.

Gauß, C. F. (1887). *Abhandlung zur Methode der kleinsten Quadrate.* Berlin: P. Stankiewicz Verlag.

Gelbrich, K., Wünschmann, S., & Müller, S. (2008). *Erfolgsfaktoren des Marketing*. München: Vahlen.

Gerpott, T. J., & Mahmudova, I. (2006). Ordinale Regression. Eine anwendungsorientierte Einführung. *WiSt–Wirtschaftswissenschaftliches Studium, 35*(9), 495-498.

Guttman, L. (1954). Some Necessary Conditions for Common Factor Analysis. *Psychometrika, 19*, 149-161.

Hair, J. F., Black, W. C., Babin, B. J., & Anderson, R. E. (2014). *Multivariate Data Analysis* (7th ed.). New Jersey: Pearson.

Hair, J. F., Hult, G. T. M., Ringle, C. M., & Sarstedt, M. (2016). *A Primer on Partial Least Squares Structural Equation Modeling (PLS-SEM)* (2nd ed.). Thousand Oaks: Sage.

Hair, J. F., Ringle, C. M., & Sarstedt, M. (2011). PLS-SEM: Indeed a Silver Bullet. *Journal of Marketing Theory and Practice, 19*(2), 139-152.

Hatzinger, R., Hornik, K., Nagel, H., & Maier, M. J. (2014). *R: Einführung durch angewandte Statistik* (2. Aufl.). München: Pearson.

Hayes, A.F. (2013). *Introduction to Mediation, Moderation, and Conditional Pprocess Analysis: A Regression-based Approach*. New York: Guilford Press.

Henseler, J., Ringle, C. M., & Sarstedt, M. (2015). A New Criterion for Assessing Discriminant Validity in Variance-Based Structural Equation Modeling. *Journal of the Academy of Marketing Science, 43*(1), 115-135.

Hoffmann, S., & Akbar, P. (2016). *Konsumentenverhalten*. Wiesbaden: Springer Gabler.

Homburg, C. (2017). *Marketingmanagement. Strategie – Instrumente – Umsetzung – Unternehmensführung* (6. Aufl.). Wiesbaden: Springer Gabler.

Homburg, C., & Giering, A. (1996). Konzeptualisierung und Operationalisierung komplexer Konstrukte: Ein Leitfaden für die Marketingforschung. *Marketing ZFP, 18*(1), 5-24.

Hox, J. J., & Boeije, H. R. (2005). Data Collection: Primary vs. Secondary. *Encyclopedia of Social Measurement, 1*, 593-599.

Jain, A. K., Murty, M. N., & Flynn, P. J. (1999). Data Clustering: A Review. *ACM Computing Surveys, 31*(3), 264-323.

Jolliffe, I. T. (2002). *Principal Component Analysis* (2nd ed.). New York: Springer.

Jöreskog, K. G., & Sörbom, D. (1982). Recent Developments in Structural Equation Modeling. *Journal of Marketing Research, 19*(4), 404-416.

Kaiser, H. F. (1970). A Second-Generation Little Jiffy. *Psychometrika, 35*, 401-415.

Kaiser, H. F. (1974). Little Jiffy, Mark IV. *Educational and Psychology Measurement, 34*, 111-117.

Kaya, M. (2009). Verfahren der Datenerhebung. In S. Albers, D. Klapper, U. Konradt, A. Walter, & J. Wolf (Hrsg.), *Methodik der empirischen Forschung*, 3. Aufl. (49-64). Wiesbaden: Springer Gabler.

Kenning, P. (2014). *Consumer Neuroscience: Ein transdisziplinäres Lehrbuch*. Stuttgart: Kohlhammer.

Ketchen, D. J., & Shook, C. L. (1996). The Application of Cluster Analysis in Strategic Management Research: An Analysis and Critique. *Strategic Management Journal, 17*(6), 441-458.

Khamis, H. J., & Kepler, M. (2010). Sample size in multiple regression: 20+ 5K. *Journal of Applied Statistical Science, 17*(4), 505-517.

Klemm, E. (1995). *Das Problem der Distanzbindung in der hierarchischen Clusteranalyse*. Frankfurt am Main: Peter Lang.

Kohler, U., & Kreuter, F. (2016). *Datenanalyse mit Stata: Allgemeine Konzepte der Datenanalyse und ihre praktische Anwendung* (5. Aufl.). Berlin, Boston: Walter de Gruyter.

Kornmeier, M. (2016). *Wissenschaftlich schreiben leicht gemacht: Für Bachelor, Master und Dissertation* (7. Aufl.). Bern: utb.

Krautz, C., & Hoffmann, S. (2017). The Tenure-Based Customer Retention Model. A Cross-Cultural Validation. *Journal of International Marketing, 25*(3), 83-106.

Kuckartz, U. (2013). *Mixed Methods: Methodologie, Forschungsdesigns und Analyseverfahren*. Wiesbaden: Springer Gabler.

Kuß, A., Wildner, R., & Kreis, H. (2014). *Marktforschung. Grundlagen der Datenerhebung und Datenanalyse* (5. Aufl.). Wiesbaden: Springer Gabler.

Lamnek, S. & Krell, C. (2016). *Qualitative Sozialforschung* (6. Aufl.). Weinheim: Beltz.

Lasarov, W., & Hoffmann, S. (2017). Median-Split. *WiSt–Wirtschaftswissenschaftliches Studium, 46*(4), 11-18.

Lathrop, R. G., & Williams, J. E. (1990). The Validity of the Inverse Scree Tests for Cluster Analysis. *Educational and Psychological Measurement, 50*(2), 325-331.

Lehmann, D. R., Gupta, S., & Steckel, J. H. (1998). *Marketing Research*. Reading: Addison Wesley.

Lohmöller, J.-B. (1989). *Latent Variable Path Modeling with Partial Least Squares*. Heidelberg: Physica-Verlag.

MacCallum, R. C., Widaman, K. F., Preacher, K. J., & Hong, S. (2001). Sample Size in Factor Analysis: The Role of Model Error. *Multivariate Behavioral Research, 36*(4), 611-637.

Magerhans, A. (2016). *Marktforschung. Eine praxisorientierte Einführung.* Wiesbaden: Springer Gabler.

Mai, R., & Hoffmann, S. (2012). Taste Lovers versus Nutrition Fact Seekers: How Health Consciousness and Self-efficacy Determine the Way Consumers Choose Food Products. *Journal of Consumer Behaviour, 11*(4), 316-328.

Meffert, H., Burmann, C., & Kirchgeorg, M. (2015). *Marketing. Grundlagen marktorientierter Unternehmensführung. Konzepte – Instrumente – Praxisbeispiele* (12. Aufl.). Wiesbaden: Springer Gabler.

Milligan, G. Q. (1980). An Examination of the Effect of Six Types of Error Perturbation on Fifteen Clustering Algorithms. *Psychometrika, 45,* 325-342.

Milligan, G. W. (1981). A Review of Monte Carlo Tests of Cluster Analysis. *Multivariate Behavioral Research, 16*(3), 379-407.

Milligan, G. W., & Cooper, M. C. (1985). An Examination of Procedures for Determining the Number of Clusters in a Data Set. *Psychometrika, 50,* 159-179.

Milligan, G. W., & Cooper, M. C. (1987). Methodology Review: Clustering Methods. *Applied Psychological Measurement, 11*(4), 329-354.

Mooi, E., Sarstedt, M., & Mooi-Reci, I. (2018). *Market Research. The Process, Data, and Methods Using Stata.* Singapore: Springer.

Moosbrugger, H. & Kelava, A. (2012). *Testtheorie und Fragebogenkonstruktion* (2. Aufl.) Berlin: Springer.

Müller, S., Gelbrich, K. (2015). *Interkulturelles Marketing* (2. Aufl.). München: Vahlen.

Netemeyer, R. G., Bearden, W. O., & Sharma, S. (2003). *Scaling Procedures: Issues and Applications.* Thousand Oaks: Sage.

Nunnally, J. C. (1978). *Psychometric theory* (2$^{nd}$ ed.). New York, NY: McGraw-Hill.

Perrault, Jr., W. D., & Darden, W. R. (1975). Unequal Cell Sizes in Marketing Experiments: Use of the General Linear Hypothesis. *Journal of Marketing Research, 12,* 333-342.

Peterson, R. (1994). A Meta-Analysis of Cronbach's Coefficient Alpha. *Journal of Consumer Research, 21*(9), 381-391.

Pieters, R. (2017). Meaningful Mediation Analysis: Plausible Causal Inference and Informative Communication. *Journal of Consumer Research, 44*, 692-716.

Podsakoff, P. M., MacKenzie, S. B., & Lee, J. Y. (2003). Common Method Biases in Behavioral Research: A Critical Review of the Literature and Recommended Remedies. *Journal of Applied Psychology, 88*(5), 879-903.

Popper, K. (1934). *Logik der Forschung*. Tübingen: Mohr.

Raab, G., Unger, A., & Unger, F. (2009). *Methoden der Marketing-Forschung: Grundlagen und Praxisbeispiele* (2. Aufl.). Wiesbaden: Gabler.

Raudenbush, S. W., & Bryk, A. S. (2002). *Hierarchical Linear Models: Applications and Data Analysis Methods* (2nd ed.). Thousand Oaks: Sage.

Saunders, J. (1994). Cluster Analysis. *Journal of Marketing Management, 10*(1-3), 13-28.

Schnell, R., Hill, P. B., Esser, E. (2013). *Methoden der empirischen Sozialforschung* (10. Aufl.). München: De Gruyter Oldenbourg.

Schwarz, U., Hoffmann, S., & Hutter, K. (2015). Do Men and Women Laugh About Different Types of Humor? A Comparison of Satire, Sentimental Comedy, and Comic Wit in Print Ads. *Journal of Current Issues & Research in Advertising, 36*(1), 70-87.

Sedlmeier, P., & Renkewitz, F. (2013). *Forschungsmethoden und Statistik. Ein Lehrbuch für Psychologen und Sozialwissenschaftler* (2. Aufl.). München: Pearson.

Shadish, W. R., Cook, T. D., & Campbell, D. T. (2001). *Experimental and Quasi-Experimental Designs for Generalized Causal Inference* (2nd ed.). Boston: Cengage Learning.

Silberzahn, R., & Uhlmann, E. L. (2015). Many Hands Make Tight Work. *Nature, 526*(7572), 189-191.

Sobel, M. E. (1982). Asymptotic Confidence Intervals for Indirect Effects in Structural Equation Models. *Sociological Methodology, 13*, 290-312.

Soyez, K., Hoffmann, S., Wünschmann, S., & Gelbrich, K. (2009). Pro-environmental Value Orientation Across Cultures: Development of a German and Russian Scale. *Social Psychology, 40*(4), 222-233.

Srnka, K. J. (2007). Integration qualitativer und quantitativer Forschungsmethoden. Der Einsatz kombinierter Forschungsdesigns als Möglichkeit zur Förderung der Theorieentwicklung in der Marketingforschung als betriebswirtschaftliche Disziplin. *Marketing ZFP, 29*(4), 247-260.

Steenkamp, J.-B. E. M., de Jong, M. G., & Baumgartner, H. (2010). Socially Desirable Tendencies in Survey Research. *Journal of Marketing Research, 47*(2), 199-214.

Steinhausen, D., & Langer, K. (1977). *Clusteranalyse.* Berlin, New York: Walter de Gruyter.

Stickel-Wolf, C., & Wolf, J. (2016). *Wissenschaftliches Arbeiten und Lerntechniken: Erfolgreich studieren–gewusst wie!* (8. Aufl.). Wiesbaden: Springer Gabler.

Sung, H. H. (2004). Classification of Adventure Travelers: Behavior, Decision Making and Target Markets. *Journal of Travel Research, 42*(4), 343-356.

Tabachnick, B. G., & Fidell, L. S. (2014). *Using Multivariate Statistics* (6th ed.). Harlow: Pearson.

Theobald, A. (2018). *Mobile Research: Grundlagen und Zukunftsaussichten für die mobile Marktforschung.* Berlin: Springer Gabler.

Tobin, J. (1958). Estimation of Relationships for Limited Dependent Variables. *Econometrica, 26*(1), 24-36.

Vermunt, J. K., & Magidson, J. (2002). Latent Class Cluster Analysis. In J. A. Hagenaars, & A. L. McCutcheon (Eds.), *Applied Latent Class Analysis* (89-106). Cambridge: Cambridge University Press.

Von der Heyde, C. (2014). Allgemeine Theorie von Random-Stichproben. In ADM Arbeitskreis Deutscher Markt- und Sozialforschungsinstitute e. V. (Hrsg.), *Stichproben-Verfahren in der Umfrageforschung: Eine Darstellung für die Praxis*, 2. Aufl. (25-35). Wiesbaden: Springer.

Ward, J. H. (1963). Hierarchical Grouping to Optimize an Objective Function. *American Statistical Association Journal, 58*(301), 236-244.

Weiber, R., & Mühlhaus (2014). *Strukturgleichungsmodellierung: Eine anwendungsorientierte Einführung in die Kausalanalyse mit Hilfe von AMOS, SmartPLS und SPSS* (2. Aufl.). Berlin: Springer.

Weis, H. C.; Steinmetz, P. (2012). *Marktforschung* (8. Aufl.). Ludwigshafen: Kiehl.

White, H. (1980). A Heteroskedasticity-Consistent Covariance Matrix Estimator and a Direct Test for Heteroskedasticity. *Econometrica, 48*(4), 817-838.

Wieseke, J., Lee, N., Broderick, A. J., Dawson, J. F., & Van Dick, R. (2008). Multilevel Analysis in Marketing Research: Differentiating Analytical Outcomes. *Journal of Marketing Theory and Practice, 16*(4), 321-340.

Wold, H. (1982). Soft Modeling: The Basic Design and Some Extensions. In K. G. Jöreskog, & H. Wold (Eds.), *Systems Under Indirect Observation, Part 2* (1-54). Amsterdam: North-Holland.

Wooldridge, J. M. (2016). *Introductory Econometrics: A Modern Approach* (6th ed.). Mason: Cengage Learning.

Zhao, X., Lynch Jr., J. G. & Chen, Q. (2010). Reconsidering Baron and Kenny: Myths and Truths about Mediation Analysis. *Journal of Consumer Research, 37*(2), 197-206.

# Stichwortverzeichnis